材料科学与工程专业
本科系列教材

现代材料分析方法

Xiandai Cailiao Fenxi Fangfa

罗清威　唐　玲　艾桃桃　主　编
王玉梅　邹祥宇　副主编

重庆大学出版社

内容提要

本书主要介绍了材料常用分析测试方法的基本原理、试验方法、仪器结构及应用范围。主要内容包括：光学显微分析、X 射线衍射分析、电子显微分析、热分析及各种光谱等。

本书既可作为高等院校材料类专业、材料成型及控制工程专业的教材，也可供相关工程技术人员参考。

图书在版编目（CIP）数据

现代材料分析方法／罗清威，唐玲，艾桃桃主编
. －－重庆：重庆大学出版社，2020.8
材料科学与工程专业本科系列教材
ISBN 978-7-5689-2267-8

Ⅰ.①现…　Ⅱ.①罗…②唐…③艾…　Ⅲ.①工程材料—分析方法—高等学校—教材　Ⅳ.①TB3

中国版本图书馆 CIP 数据核字（2020）第 151702 号

现代材料分析方法

罗清威　唐　玲　艾桃桃　主　编
王玉梅　邹祥宇　副主编
策划编辑：杨粮菊

责任编辑：范　琪　栗捷先　版式设计：杨粮菊
责任校对：邹　忌　责任印制：张　策

*

重庆大学出版社出版发行
出版人：饶帮华
社址：重庆市沙坪坝区大学城西路 21 号
邮编：401331
电话：（023）88617190　88617185（中小学）
传真：（023）88617186　88617166
网址：http://www.cqup.com.cn
邮箱：fxk@ cqup.com.cn（营销中心）
全国新华书店经销
重庆长虹印务有限公司印刷

*

开本：787mm×1092mm　1/16　印张：11.5　字数：297 千
2020 年 8 月第 1 版　2020 年 8 月第 1 次印刷
ISBN 978-7-5689-2267-8　定价：39.00 元

前　言

随着材料学科的不断发展,许多新的材料种类、材料结构、材料性能不断涌现,对材料分析测试方法与手段提出了更高的要求。

目前,关于材料分析测试方法的教材很多,对各类分析方法的基本原理、仪器结构、实验方法等进行了详细的阐述。然而,目前使用的教材多数只是对某一种或有限的几种分析仪器和分析方法进行详细论述,理论性很强,但不够全面,不太适合本科生"宽口径、厚基础"的培养目标要求;另外大部分教材知识比较陈旧,也不太适合"新工科"人才的培养。因此,在实际教学工作中,迫切需要一本适合本科教学的新教材。

编者结合多年教学实践经验,参考大量科学研究实例及科研成果,分别对材料研究过程中常用的分析方法进行阐述,以满足不同材料类专业、材料成型及控制工程专业本科生需求,帮助学生搭建合理的知识结构,打下坚实的专业基础。对各类检测方法从原理、仪器组成、制样方法、测试结果的表征与分析等方面进行了详细的表述,并结合实例进行讲解,更加生动,易于理解和掌握,能够提高材料类专业学生从事材料研究所必需的实际技能,达到使学生向新工科靠拢的目的。

本书可以作为材料类专业、材料成型及控制工程专业本科生、研究生的专业基础课教材,也可以作为材料科学与工程相关实验教师培训参考用书。

本书第 1 章由艾桃桃编写;第 2 章由邹祥宇编写;第 3 章和第 5 章由王玉梅编写;第 4 章由唐玲编写;第 6—8 章由罗清威编写。全书由罗清威进行统稿和校正。另外,本书统稿过程中得到了焦菲和孙庆龙的诸多技术帮助,在此谨向各位的辛勤付出表示感谢。

编者于汉水之畔

2020 年 2 月

目录

第 1 章　绪　论 ……………………………………… 1
1.1　材料分析与材料科学的关系 ……………… 1
1.2　材料的结构 …………………………………… 2
1.3　常见的材料分析技术 ……………………… 3

第 2 章　X 射线衍射分析 ……………………… 9
2.1　X 射线衍射技术的发展历史 ……………… 9
2.2　X 射线衍射的工作原理 …………………… 10
2.3　X 衍射仪的构造及功能 …………………… 19
2.4　X 射线衍射技术在材料方面的应用 …… 22

第 3 章　光学显微分析技术 …………………… 30
3.1　基本原理 …………………………………… 30
3.2　仪器结构 …………………………………… 39
3.3　试样制备 …………………………………… 46
3.4　应用案例 …………………………………… 56

第 4 章　扫描电子显微镜 ……………………… 62
4.1　概　述 ……………………………………… 62
4.2　电子与物质的相互作用 …………………… 63
4.3　扫描电镜的构造和工作原理 …………… 67
4.4　扫描电子显微镜的性能与特征 ………… 73
4.5　扫描电子显微镜在材料分析中的应用 … 77

第 5 章　透射电子显微镜 ……………………… 84
5.1　基本原理 …………………………………… 84
5.2　仪器结构 …………………………………… 93
5.3　样品制备 …………………………………… 99
5.4　应用案例 …………………………………… 103

第 6 章　热分析技术 …………………………… 106
6.1　概　述 ……………………………………… 106
6.2　差热分析及差示扫描量热法 …………… 108
6.3　热重与微商热重法 ………………………… 120
6.4　热膨胀法和热机械分析 …………………… 126
6.5　综合热分析技术 …………………………… 127

第 7 章　光谱分析 ……………………………… 130
7.1　红外光谱 …………………………………… 130
7.2　激光拉曼光谱 ……………………………… 143
7.3　紫外-可见吸收光谱 ……………………… 147

第 8 章　其他现代分析技术 ································· 156

　　8.1　X 射线光电子能谱 ····························· 156

　　8.2　俄歇电子能谱 ······························· 161

　　8.3　原子力显微镜 ······························· 164

　　8.4　扫描隧道显微镜 ····························· 166

　　8.5　核磁共振谱分析 ····························· 168

　　8.6　中子衍射分析技术 ··························· 172

参考文献 ······································· 176

第**1**章
绪 论

1.1 材料分析与材料科学的关系

材料是人类社会进步的里程碑,新材料的诞生与发展是提高社会生产力和人民生活水平的重要物质基础。材料科学的研究内容主要包括材料的成分和组织结构、制备合成与加工工艺、材料使用性能和固有性能四个方面,它们相互之间的关系可用一四面体表示,如图 1.1 所示。四面体的各顶点分别为成分和组织结构、制备合成与加工工艺、材料固有性能和材料使用性能,它们构成了材料科学研究的四要素。该四面体模型较好地描述了作为一个整体的材料科学与工程的内涵和特点,反映了材料科学与工程研究中的共性问题。

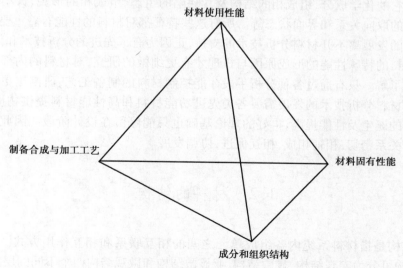

图 1.1 材料科学与工程四要素

每个特定的材料都具有一个从原子、电子尺度到宏观尺度的结构。在各种尺度上,对材料的结构进行分析和研究,是材料科学与工程学科的重要方面。材料的结构一般包含以下几个层次:电子层次、原子或分子排列层次、显微层次、宏观层次。材料的制备与加工过程实质上是一个建立原子、分子新的排列方式,从微观尺度到宏观尺度上对材料结构进行控制的过程。制备通常是指把原子和分子组合在一起来制造新材料时所采用的物理和化学方法。加工除了为生产有用材料而对原子、分子的排列方式进行控制外,还包括材料形状在较大尺度上的改变。材料加工是材料科学与材料工程的综合,是整个材料技术发展的关键环节。材料的性能和使用性能取决于材料的组成及其各个层次上的结构,而后者又取决于材料的制备合成与加工工艺。材料的性能一般包括力学性能(如强度、塑性、韧性等)、物理性能(如导电性、导热性、折射率、磁化率等)和化学性能(如抗氧化性、抗腐蚀性等)。材料的任何性能,都源于其特定的结构,都是材料经合成或加工后,因其成分与结构的变化而产生的结果。材料的使用性能是指材料在使用条件下表现出来的性能,是对材料在服役条件下的有用性的度量。这里除了材料的性能外,还会涉及使用环境、受力状态等对材料性能和寿命的影响。

材料的性能取决于材料的内部结构,而材料的内部结构又取决于材料的制备加工工艺。可以通过对材料制备和加工过程的控制,优化材料的内部结构,从而实现改变或控制材料性能的目的。如一种钢淬火后得到的马氏体(较硬),退火后得到球状珠光体(较软)。因此,材料研究应建立在对材料性能需求分析的基础上,充分了解材料的结构及其与性能之间的关系,而材料制备的实际效果也必须通过材料结构检测和性能检测来加以分析。材料结构与性能表征的研究水平对新材料的研究、发展和应用具有重要的作用,因此材料结构与性能表征在材料研究中占据了十分重要的地位。通过一定的方法控制材料的显微组织形成条件,使其形成预期的组织结构,从而具有所希望的性能。例如:在加工齿轮时,预先将钢材进行退火处理,使其硬度降低,以满足容易车、铣等加工工艺性能要求;加工好后再进行渗碳淬火处理,使其强度和硬度提高,以满足耐磨损等使用性能要求。

材料结构与性能的表征包括了材料性能、微观结构和成分的测试与表征。描述或鉴定材料的结构涉及它的化学成分、组成相的结构及其缺陷的组态、组成相的形貌、大小和分布以及各组成相之间的取向关系和界面状态等。所有这些特征都对材料的性能有着重要的影响。

材料科学的发展离不开材料分析技术的支持,正因为有了先进的分析技术和仪器,材料科研工作者对材料的特殊性能的形成原因与机理才有更细微的研究,对材料的内部反应及显微结构有更深的了解。只有通过各种分析手段才能控制材料的制备工艺,研制出更多更好的先进材料。然而材料分析技术的发展需要各类先进功能材料和高性能材料提供物质支持,没有先进功能材料的诞生及性能提高,再好的理论基础也只能停留在设计阶段。因此材料科学与材料分析之间关系密切,相辅相成,相互促进,协调发展。

1.2　材料的结构

材料的结构是指材料系统内各组成单元之间的相互联系和相互作用方式。从尺度上来讲,材料的结构可分为宏观结构、显微结构、亚显微结构和微观结构四个不同的层次。

宏观结构是指用人眼(或借助于放大镜)可分辨的结构范围(>100 μm),结构组成单元是相和颗粒,甚至是复合材料的组成材料,结构包括材料中的大孔隙、裂纹、不同材料的组合与复合方式(或形式)、各组成材料的分布等。如岩石层理与斑纹、混凝土中的砂石、纤维增强材料中纤维的多少与纤维的分布方向等。根据宏观组织,可以鉴定金属材料的质量、存在的缺陷以及由此而造成的金属构件在使用过程中的损坏失效原因。

显微结构是指在光学显微镜下分辨出的结构范围($0.2 \sim 100$ μm)。结构组成单元是该尺度范围的各个相,结构是在这个尺度范围内试样中所含相的种类、数量、颗粒的形貌及其相互之间的关系。材料的显微组织主要包括以下几个方面:①显微化学成分,不同相的成分,基体与析出相的成分,偏析等;②基体结构与晶体缺陷,面心立方、体心立方、位错、层错等;③晶粒大小与形态,等轴晶、柱状晶、枝晶等;④相的成分、结构、形态、含量及分布,球、片、棒、沿晶界聚集或均匀分布等;⑤界面,表面、相界与晶界;⑥位向关系,惯习面、孪生面、新相与母相;⑦夹杂物;⑧内应力。

亚微观结构是指在普通电子显微镜(透射电子显微镜、扫描电子显微镜等)下所能分辨的结构范围($0.01 \sim 0.2$ μm)。结构组成单元主要是微晶粒、胶粒等粒子。

微观结构是指高分辨电子显微镜所能分辨的结构范围(< 0.01 μm)。结构组成单元主要是原子、分子、离子或原子团等质点。材料的微观组织主要包括其形貌、结构、缺陷和成分四个方面。材料的形貌主要分析不同层次材料的相分布、形状、大小和数量等。材料的结构主要考虑其晶态属于晶体、非晶体或准晶体,以及晶体的取向、界面关系等。材料的缺陷结构主要是指晶体缺陷(点、线、面、体缺陷四种类型)。材料的成分主要包括相成分、基体成分、界面成分及其分布。除了以上四种常见的微观结构以外,材料的表面状态也属于微观结构的范畴。

1.3 常见的材料分析技术

材料分析技术根据测试结果的形式可分为图像分析技术和非图像分析技术,其中图像分析技术主要是显微图像,非图像分析技术主要是衍射法和光谱分析等。常见的图像分析技术主要包括光学显微镜、扫描电子显微镜、透射电子显微镜、原子力显微镜等。X射线衍射分析、红外光谱、激光拉曼光谱、紫外-可见光谱、核磁共振谱、热分析技术等分析手段属于比较常见的非图像分析技术。

1.3.1 金相显微镜

金相显微镜主要用于鉴别和分析各种金属、合金材料和非金属材料的组织结构,原材料检验;铸件质量鉴定或材料处理后的金相组织分析;对表面裂纹和喷涂等一些表面现象进行研究工作,钢铁、有色金属材料、铸件、镀层的金相分析;地质学的岩相分析。它是工业领域对化合物与陶瓷等进行微观研究的有效工具,是金属学和材料学研究材料组织结构的必备仪器,被广泛应用于工矿、实验室和教学科研领域。倒置金相显微镜操作时试样观察表面向下,并与工作台面平行,因此与试样的高度和平行度无关,其操作比较方便,适合于外形不规则或较大的试样。

常见的金相显微镜分为正置式、倒置式和卧式三种,广泛应用在工厂或实验室进行铸件质量的鉴定、原材料的检验或对原材料处理后金相组织的研究分析等工作,还可用于半导体检测、电路封装、精密模具、生物材料等检验与测量。目前金相显微镜主要用于表征构成材料的相和组织组成物、晶粒(亦包括可能存在的亚晶)、非金属夹杂物乃至某些晶体缺陷(例如位错)的数量、形貌、大小、分布、取向、空间排布状态等研究。

金相显微镜易于操作、视场较大、价格相对低廉,直到现在仍然是常规检验和研究工作中最常使用的仪器。尤其是数码相机金相显微镜将传统的光学显微镜与计算机通过光电转换有机地结合在一起,不仅可以在目镜上做显微观察,还能在计算机(数码相机)显示屏幕上观察实时动态图像,电脑型金相显微镜还能将所需要的图片进行编辑、保存和打印。数码金相显微镜主要由金相显微镜、摄像头、电脑、图像采集卡组成,其使用专门的软件进行参数设置和数据采集,最终形成金相图像,也可以将金相图像投射到大屏幕上,供多人观察与分析,实现金相分析的多媒体教学,如图1.2和1.3所示。

图1.2　共晶白口铸铁平衡态显微组织形貌　　　图1.3　Mg-Al23合金固溶+时效后显微组织形貌

1.3.2　扫描电子显微镜

扫描电子显微镜(scanning electron microscope,SEM)是利用电子束在样品表面扫描激发出来代表样品表面特征的信号成像的。最常用来观察样品表面形貌(断口等)。场发射扫描电子显微镜的分辨率可达到1 nm,放大倍数可达到15~20万倍,还可以观察样品表面的成分分布情况。1965年剑桥科学仪器公司制造出世界上第一台商用扫描电子显微镜。近年,出现了联合透射、扫描,并带有分析附件的分析电镜。随着电镜控制的计算机化和制样设备的日趋完善,电镜逐渐成为一种既能观察图像又能测结构,既有显微图像又有各种谱线分析的多功能综合性分析仪器。

SEM是用细聚焦的电子束轰击样品表面,通过电子与样品相互作用产生的二次电子、背散射电子等对样品表面或断口形貌进行观察和分析。目前SEM都能与能谱组合,一般很少带波谱仪,可以进行成分分析。所以SEM也是显微结构分析的主要仪器,已广泛用于材料、冶金、矿物、生物学、物理、化学等领域。

目前扫描电镜二次电子像提供的表面形貌,其应用极其广泛,主要包括以下几个方面:①断口分析,确定断裂性质及断裂微观机制;②金相分析,观察相的形貌、尺寸和分布;③粉末形貌分析,观察粉末空间形态及尺寸分布(图1.4);④表面外延膜结晶膜分析,分析结晶膜颗粒形态及尺寸;⑤磨损及腐蚀分析,研究磨损和腐蚀机制;⑥失效分析,分析失效原因;⑦表面形貌有关的分析。此外扫描电镜与其他分析手段联合还能分析材料的更多方面的信息。

1.3.3　透射电子显微镜

透射电子显微镜(transmission electron microscope,TEM)是采用透过薄膜样品的电子束成像来显示样品内部组织形貌与结构的。因此,它可以在观察样品微观组织形态的同时,对所观察的区域进行晶体结构鉴定(同位分析)。其分辨率可达0.1 nm,放大倍数可达40~60万倍。

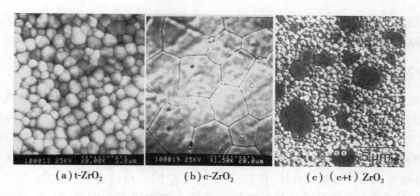

(a) t-ZrO₂　　　　　　(b) c-ZrO₂　　　　　　(c)（c+t）ZrO₂

图 1.4　ZrO₂-Y₂O₃ 陶瓷烧结自燃表面

TEM 采用高速运动的电子束作为照明光源,具有极高的空间分辨率,结合其他透射电镜附件和电镜技术,可以同时获取材料微观区域的形貌、成分和晶体结构等多种相关信息,真正实现材料微观结构信息的局域化和对应性,已经成为材料科学研究领域不可缺少的重要分析手段之一。透射电镜有几种不同的类型,如普通透射电镜(TEM)、高分辨透射电镜(HRTEM)、扫描透射电镜(STEM)等。

　　20 世纪 60 年代以来,TEM 广泛应用在工农业生产、材料科学、考古学、生物学、组织学、病毒学和分子生物学等众多领域的研究工作。目前在材料科学领域 TEM 主要用在以下几个方面:①利用质厚衬度对样品进行一般形貌观察(图 1.5);②利用电子衍射、微区电子衍射技术对样品进行物相分析,从而确定材料的物相、晶系和空间群;③利用 TEM 所附加的能量色散 X 射线质谱仪或电子能量损失谱仪对样品微区域元素进行分析;④利用高分辨 TEM 可在材料的纳米、微米区域进行物相的形貌观察、成分测定和结构分析,可以提供与多相催化的本质有关的大量信息,指导新型工业催化材料的开发;⑤超细矿物粉体表面物理化学改性,制备功能性矿物材料是非金属矿物加工、提高矿物产品技术含量和经济附加值的重要途径。可应用 TEM 研究矿物改性微观界面结构形貌及成分变化规律研究。

图 1.5　单晶硅 TEM 图像

　　透射电子显微镜是分析材料细微组织的一种常用工具,具有分辨率高等优点。但 TEM 也有自身的缺点,如测试过程中样品的准备极其麻烦。TEM 样品测试前需通过多种减薄手段进行减薄化处理,在此过程中需注意样品发生物理化学变化、受到污染等问题,对制样水平要求较高。样品减薄化处理是限制 TEM 使用范围的一大瓶颈,减薄处理是 TEM 测试的关键。

1.3.4　X 射线衍射

X 射线衍射(X-ray diffraction,XRD)是利用 X 射线在晶体中的衍射特征分析材料的晶体结构、晶格参数、晶体缺陷(位错等)、不同结构相含量、内应力的检测方法。其原理是当一束单色 X 射线入射到晶体时,由于晶体是由原子规则排列成的晶胞组成,这些规则排列的原子间距离与入射 X 射线波长有 X 射线衍射分析相同数量级,故由不同原子散射的 X 射线相互干涉,在某些特殊方向上产生强 X 射线衍射,衍射线在空间分布的方位和强度,与晶体结构密切相关,每种晶体所产生的衍射花样都反映出该晶体内部的原子分配规律。X 射线可用于分析晶体结构、材料研究、测定蛋白质结构、医疗卫生等方面。在材料研究领域主要通过多晶体物相分析对材料进行物相的定性和定量分析、物质状态鉴定、晶体取向、晶粒度测定、介孔结构、宏观应力、薄膜厚度界面结构和膜层结构测定等(图 1.6)。在精密点阵参数测定方面,X 射线衍射常用于相图的固态溶解度曲线的测定。溶解度的变化往往引起点阵常数的变化,当达到溶解限后,溶质的继续增加引起新相的析出,不再引起点阵常数的变化,这个转折点即为溶解限。另外,点阵常数的精密测定可得到单位晶胞原子数,从而确定固溶体类型;还可以计算出密度、膨胀系数等有用的物理常数。

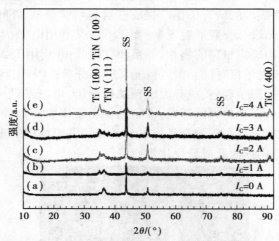

图 1.6　碳靶不同沉积电流下制备的 TiN 涂层 X 射线衍射谱图

X 射线衍射虽然用途广泛,但也存在一些缺点,如:①不能直观地观察样品;②只能分析毫米级别,对微米和纳米级区域无法检测;③X 射线的衍射强度受多重影响因子的作用,测试结果有不可避免的误差存在,对定量分析有一定的限制;④检测过程中有辐射,需要定期检查测试人员的身体健康,测试分析室需要做辐射屏蔽改造。

1.3.5　热分析技术

热分析(thermal analysis)技术是研究物质性能随温度变化状况的一种有效手段。其理论基础是,在热分析过程中,物质在一定温度范围内发生变化,包括与周围环境作用而经历的物理变化和化学变化,诸如释放出结晶水和挥发性物质,热量的吸收或释放,某些变化还涉及物质的增重或失重,发生热力学变化、热物理性质和电学性质变化等。热分析法的核心是研究物质在受热或冷却时产生的物理和化学的变迁速率与温度及其能量和质量变化。

　　自 1899 年英国的 Robert Austen 用差示热电偶和参比物大大提高测定灵敏度从而发明差热分析(DTA)技术以来,热分析技术发展形成了多种实验方法,共分为 9 大类,17 种方法,其中最常用的是差热分析、差示扫描量热法、热重分析和热-力学分析法。目前热分析技术被广泛应用在无机化合物、有机化合物、高分子化合物、冶金、地质、电器和电子用品、生物医学、石油化工、轻工以及海水淡化等领域。在材料领域,主要用热分析技术分析测试各类材料的相转变、熔融、凝固、氧化还原反应、相图绘制、结晶过程、软化温度、纯度测定、膨胀系数、耐热性测定、黏度和黏弹性等方面(图 1.7)。

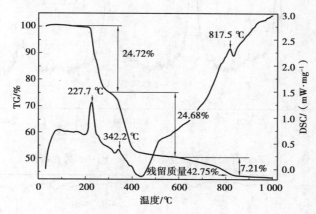

图 1.7　$YBa_2Cu_3O_6$ 前驱粉末 TG-DSC 曲线

　　热分析技术应用非常广泛,与其他测试方法相比,热分析技术可在动态条件下快速研究物质的热特性。目前,大多采用热分析仪与其他仪器串接或间歇联用的方法,常用气相色谱仪、质谱仪、红外光谱、X 射线衍射等对逸出气体和固体残留物进行连续或间断,在线或离线分析,从而推断出反应机理。另外,热分析仪可测温度范围较宽(如 DTA 可测 − 190 ~ 2 400 ℃);可使用各种温度程序(不同的升降温速率);对样品的物理状态无特殊要求,方便测试;所需样品量很少(0.01 ~ 0.1 g);仪器的灵敏度高(质量变化的精确度达 10^{-5} mg)。

1.3.6　光谱分析技术

　　光谱分析是根据物质的光谱来鉴别物质及确定它的化学组成和相对含量的一类分析方法,其优点是灵敏迅速。在科学界的历史上曾通过光谱分析发现了许多新元素,如铷、铯、氦等。根据分析原理可分为发射光谱分析和吸收光谱分析两种;发射光谱分析是根据被测原子或分子在激发状态下发射的特征光谱的强度计算其含量。吸收光谱分析是根据待测元素的特征光谱,通过样品蒸汽中待测元素的基态原子吸收被测元素的光谱后被减弱的强度计算其含量。根据被测成分的形态可分为原子光谱分析与分子光谱分析,光谱分析的被测成分形态是原子的称为原子光谱,被测成分形态是分子的则称为分子光谱。

　　常见的光谱分析主要包括红外吸收光谱、激光拉曼光谱和紫外-可见光谱三种。红外光谱和拉曼光谱在材料领域的研究中占有十分重要的地位。它们是研究材料的化学和物理结构的重要手段。随着激光技术的发展,激光拉曼光谱分析法在材料研究中的应用也日益增多。红外光谱为极性基团的鉴定提供最有效的信息(图1.8),而拉曼光谱主要用于测试物质的骨架结构特征,二者相结合可以完整地研究分子的振动和转动能级,从而更可靠地鉴定分子结构(图1.9)。

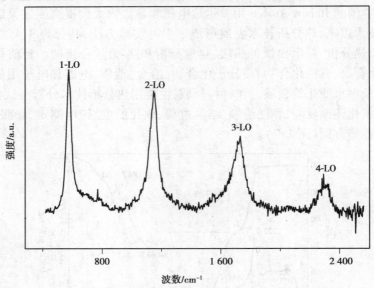

图1.8　ZnO 样品的拉曼光谱(325 nm He-Cd 激光器激发)

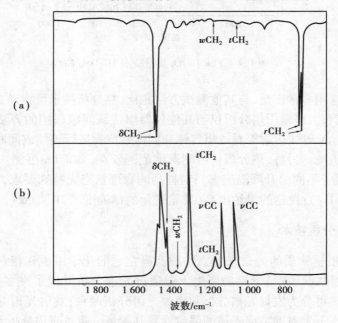

图1.9　线型聚乙烯的红外光谱(a)和拉曼光谱(b)

课后思考题

1. 简述材料分析与材料科学的关系。

2. 材料的微观组织结构主要包括哪些方面?

3. 材料的显微组织结构主要包括哪几个方面?

第 2 章
X 射线衍射分析

2.1 X 射线衍射技术的发展历史

X 射线发现至今已有 120 多年的历史,在这期间,许多科学工作者通过大量的实验工作和理论研究,对 X 射线的性质和本质逐步进行深入的了解,获得了许多重大成果。主要拓展了 X 射线透视、X 射线衍射和 X 射线光谱学三个领域。下面以 X 射线衍射为线索,回顾 X 射线发展的历史。

1)X 射线衍射现象的发现

1895 年 11 月,德国物理学家 W. C. 伦琴在实验室里研究阴极射线时,发现靠近阴极射线管的胶片有感光的现象。伦琴反复研究在阴极射线管工作时使胶片感光的原因。其间,他又偶尔发现远处的荧光屏能发出荧光,当用手去拿荧光屏时,他的手骨骼影像清晰地呈现在荧光屏上。他进一步证实从阴极射线管发出的射线可把手骨影像照在感光胶片上。伦琴以数学中表达未知数的符号"X"来命名这种新射线,X 射线从此进入人类的视野,这标志着现代物理学的诞生。

1908—1909 年,德国汉堡的 Walter 和 Pohl 用一种普通金属制成的尖形光栅透过 X 射线时,在底板上发现透过光栅尖部的 X 射线的像散开,出现刷子状的模糊干涉条纹。1910 年,伦琴的助手 Koch 用自制的自动测微光度计测量了 Walter-Pohl 的原始底板,发现其强度有起伏变化,推测是由衍射产生的。1912 年劳厄和 Ewald 提出 X 射线透过晶体时,可能会产生衍射,并且用实验证实了关于 X 射线衍射的设想。后来劳厄用数学式表示了三维衍射光栅的衍射方程,即著名的劳厄方程。

2)晶体学和衍射的运动学理论的建立

在劳厄等发现 X 射线衍射不久,W. L. 布拉格对劳厄衍射花样进行了深入的研究,提出衍射花样中的各个斑点可认为是由晶体中原子较密集的一些晶面反射而产生的。他和他的父亲 W. H. 布拉格一起利用后者所发明的电离室谱仪探测入射 X 射线束经过晶体反射后反射线束的强度和方向,证明了上述设想的正确性,从而导出了著名的布拉格定律。以劳厄方程和布拉格定律为代表的 X 射线在晶体中衍射的几何理论,以及不考虑 X 射线在晶体中多重衍射和衍射束之间、衍射束与入射束之间干涉作用的强度理论统称为 X 射线运动学衍射理论。

3）莫莱特定律的建立

1913 年莫莱特首先系统地研究了各种元素的标识辐射。结果发现元素的 X 射线光谱线的频率与原子系数 Z 之间存在一定的关系,从而建立了莫莱特定律。

4）X 射线动力学衍射理论的建立

与布拉格父子同时研究晶体反射理论的还有 Darwin,他在 1913 年从事 X 射线强度研究时发现实际晶体的反射强度远远高于理想完全晶体应有的反射强度。他根据多重衍射原理以及透射束与衍射束之间的能量传递、相消、相长的动力学关系,提出了完整的初级消光理论,以及实际晶体中存在有取向彼此稍差的镶嵌结构模型和次级消光理论,开创了 X 射线衍射动力学的理论研究。

5）倒易点阵概念的提出

1913 年 Ewald 根据 Gibb 的倒易空间观念,提出了倒易点阵概念以及反射球构造方法,并于 1921 年进一步完善。

6）X 射线谱学的发展

Moseley 于 1913 年发现入射 X 射线光子和被照射元素中原子的交互作用能产生荧光 X 射线,其波长大于入射波,并且这种荧光辐射的波长与靶元素有一定的关系,这种规律被称为 Moseley 定律。Moseley 的工作由 M. Siegbahn 等人继续发展,建立了 X 射线光谱学。后来许多科学家利用双晶及多重晶衍射仪研究晶体反射强度、反射系数、X 射线光谱、摆动曲线宽化以及晶体中微小应变等,发展了双晶及多重晶衍射光谱学。

7）非相干散射理论的建立

20 世纪 20 年代初,康普顿发现了 X 射线的非相干散射现象,现在称为康普顿散射、非弹性散射或量子散射,建立了非相干散射理论。

8）漫散射理论的建立

由于晶体不完整性(包括动、静畸变)的存在,在布拉格反射周围及其间还有各种漫散射现象出现。早在 1914 年,Debye 就动畸变(原子热运动)对于衍射强度的影响进行了定量的研究。而 Warren 和 Averbach 则详细地研究了静畸变对衍射现象的影响。1939 年 Guinier 和 Hosemann 分别发展了 X 射线小角度散射理论。在 1947 年黄昆提出了黄昆漫散射理论。

9）X 射线干涉仪原理

1959 年 Kato 和 Lang 发现了 X 射线束的干涉现象,观察到干涉条纹。Bonse 和 Hart 在 1965 年制造出了 X 射线干涉仪,发展了 X 射线波在完整晶体中的干涉理论。

10）吸收限精细结构(EXAFS)理论的发展

近代的 EXAFS 理论是由 Stern 等在七十年代初提出的,他们提出光电子波矢位置的傅里叶变换对应于原子近邻配位壳层的观点,成功地由 EXAFS 谱的变换求得近邻原子配位的结构信息。

2.2　X 射线衍射的工作原理

X 射线能够提供用于识别物质的信息,原因在于 X 射线在穿透物质时,将发生光电效应、相干散射、非相干散射以及电子对效应等一系列效应,并且发生各种效应的概率与物质本身和 X 射线的能量均有密切关系。通过测量不同能量的 X 射线穿透物质后发生的衰减,能够推算出物质的相关信息。因此,研究利用 X 射线进行物质识别的方法,必须先分析 X 射线的特点、与物质的相互作用过程以及 X 射线的衰减规律等。

2.2.1　X 射线的物理学基础

X 射线是一种波长短、能量大、具有较强穿透能力的电磁辐射。它同可见光一样属于电磁波,具有波粒二象性。X 射线在电磁波谱里的位置如图 2.1 所示,它的波长在 0.001 ~ 10 nm 范围内,介于伽马射线与紫外线之间。

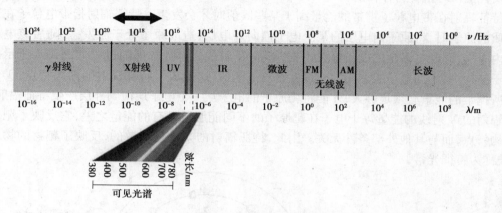

图 2.1　电磁波谱图

常见的 X 射线源包括 X 射线管与同步辐射 X 射线源。同步辐射是高速带电粒子做曲线运动时,沿着轨迹切线方向产生的电磁波,在同步辐射现象被实验观测到之前,它就已经被电磁场理论所预言。同步辐射光波长涵盖从远红外到 X 射线的连续范围,因此同步辐射能够制造 X 射线。同步辐射的产生需要将带电粒子加速到近光速,这样的条件比较苛刻,因此同步辐射 X 射线源的应用受到较大限制,它主要应用于要求高性能光源的前沿研究领域。

X 射线管的工作方式是在真空玻璃管内安装互相绝缘的阴极灯丝与阳极靶材,以场致发射或热电离的方式产生自由电子,在阴极与阳极间构建数十千伏的高压电场,使自由电子在电场中加速后撞击阳极靶材,从而产生 X 射线。X 射线管的剖面示意图如图 2.2 所示。

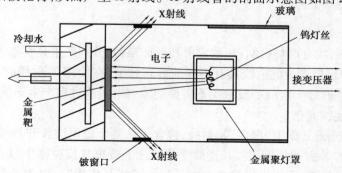

图 2.2　X 射线管的剖面示意图

X射线管所产生的X射线是一个连续的射线谱,即得到的X射线的波长并不是一个或多个离散数值,而是涵盖了一段波长范围。这是因为X射线管通过韧致辐射与特征辐射两种方式产生X射线,其中又以韧致辐射为主要方式。

韧致辐射又叫制动辐射,是由带电粒子与原子或原子核发生相互作用,导致带电粒子损失部分动能并同时发出的辐射。韧致辐射的过程如图2.3所示:电子与原子核之间的库仑力作用改变了电子的速度,使电子损失一部分动能并将其辐射出去,从而产生了射线。由于带电粒子在靶材原子核电磁场影响下的速度变化是连续的,即 $E_1 - E_2$ 的可能取值是连续的,所以韧致辐射所得的X射线是一个连续谱。因为电子在撞击靶材时必然产生制动,所以韧致辐射在X射线管工作时是普遍存在的。

特征辐射在带电粒子携带的能量高于某些阈值时才会发生。特征辐射指带电粒子在穿透靶物质的原子时,将原子内电层的某个电子撞向外电层,造成原子处于激发态,随后该电子跃迁回内电层,同时将多余的能量辐射出去,形成X射线。特征辐射的过程如图2.4所示。由于原子结构中,不同电子层之间的能量差是离散的值,这造成了特征辐射的两大特点:①带电粒子所携带的能量必须足够大,才能将靶原子的电子从一个电子层撞到外层产生特征辐射;②特征辐射的X射线的能量等于电子在靶原子的不同能层所具有的能量之差,它反映了靶原子的结构特点,而与其他外部条件无关。因此,特征辐射的光谱是离散的,反映了靶材的物质属性,被称为特征光谱。

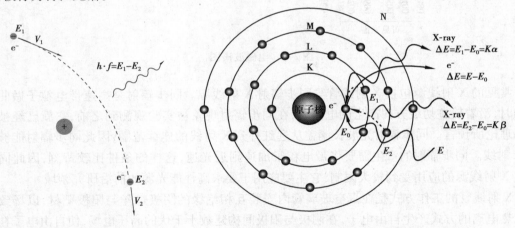

图2.3　韧致辐射示意图　　　　图2.4　特征辐射示意图

1)X射线的光谱特征

X射线管产生射线有两种机制:韧致辐射和特征辐射,分别产生具有连续光谱和特征光谱的X射线。这两种辐射产生的射线具有不同的分布特征,在使用X射线时,必须充分考虑这两种辐射的特点,并通过一定的手段避免不需要的辐射对实验过程产生干扰。

(1)X射线的连续光谱

X射线的连续光谱又称为"白色"X射线,包含了从某个最短波长开始的所有波长的X射线,并且任意波长的X射线强度随波长连续变化。这个最短波长被称作"短波限",记作 λ_{min}。短波限对应的是当射线管阴极发出的自由电子与原子相互作用时,损失了全部的动能并完全传递给光子的极限情况。继承了电子的全部动能的光子具有最短的波长。从图2.2中易推断出,当射线管工作电压为 V 时,电子撞击靶材时具有的动能为 eV,即理论上光子所能具有的最大能量。根据量子理论,短波限满足下述关系

$$eV = h\nu_{max} = h\frac{c}{\lambda_{min}} \tag{2.1}$$

式中,ν——辐射频率;

　　h——普朗克常量;

　　c——光速。

　　将上式改写一下,即得到短波限的表达式

$$\lambda_{min} = \frac{hc}{eV} \tag{2.2}$$

电子与原子相互作用时发生的减速过程所损失的能量大小并不确定,具有一定的随机性。这可以简单地理解为电子与原子的角度及相互位置关系的随机性所导致的,但由于能量在电子与光子间传递的机理尚未明晰,目前无法做出精确定量的分析。从宏观上来观察,这种随机性在统计层面上体现为轫致辐射产生的射线光谱呈现连续性。

尽管在量子层面不能完全解释 X 射线轫致辐射过程,但是宏观层面的实验和观测依然总结出了 X 射线轫致辐射产生连续光谱的一些特点。

连续光谱的强度随波长的分布大致如图 2.5 所示。射线强度从短波限开始,随着波长增长而迅速增大到一个极限值,随后逐渐衰减到零。

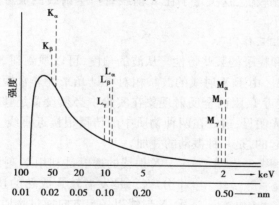

图 2.5　连续 X 射线光谱分布图

根据实验数据总结指出,轫致辐射的连续光谱具有如下一些特点。连续光谱的最大强度波长与短波限的关系近似如下

$$\lambda_{max} = 1.5\lambda_{min} \tag{2.3}$$

X 射线的能量转化率,即产生的 X 射线的能量占电子束总能量的比例可以用下述近似公式表达

$$\eta = KZV \times 100\% \tag{2.4}$$

式中,K——数值约 1.1×10^{-9} 的常数;

　　Z——靶物质的原子序数;

　　V——射线管工作电压。

实验指出,一只钨靶的 X 射线管在 100 kV 工作条件下的转化效率约为 0.8%。

直接影响 X 射线总强度的因素有:射线管工作电压、阴极电流、靶物质原子序数。其关系为

$$I_{\text{X-ray}} = KI_{e}ZV^{2} \tag{2.5}$$

式中,I_e——射线管阴极电流,它决定电子束流的大小。

实质上,I_eV 代表电子束的输出功率,乘以式(2.4)的射线转化率,即得到上式 X 射线总强度。

由于 X 射线管产生的 X 射线大部分来自轫致辐射的贡献,因此上面总结出的 X 射线连续谱的特点可以有效地帮助确定射线管的工作参数,以获得相对理想的射线源。

(2)X 射线的特征光谱

特征光谱的产生机制:当射线管电压超过靶物质原子的某些能级的激发势,从阴极发出的电子束能够将靶物质原子的内电层电子打到外电层,在内电层留下一个空穴。随后外层电子跃迁回内电层填补空缺,同时以 X 射线形式将多余的能量辐射出去,如图 2.4 所示。

由于电子在原子的各能级所具有的能量呈现离散性,所以特征光谱不连续,而是若干具有特定波长的线状光谱。靶原子吸收了阴极电子的动能而到达激发态,随后从激发态回到稳态并释放射线。因而这些射线的波长完全由靶物质的原子结构所决定,与其他外部因素(如射线管)的工作参数无关。在经典动力学原子模型中,在电子与原子核之间存在巨大的空间,因而特征辐射发生的概率比较低,这决定了在 X 射线管产生射线的成分中,特征光谱所具有的能量占总光谱的比例较小。

2)X 射线与物质的相互作用

X 射线同时具有波和粒子的某些特性。从波的角度,可以观测到 X 射线的透射、反射、折射、散射以及衍射等现象。由于 X 射线的波长相对可见光来说非常短,所以它的全反射临界角非常小,折射率非常接近 1,因而全反射现象在实验中必须设置足够精确的参数才能获得,而折射效果也不如可见光明显,射线在两种物质中的传播很接近直线。X 射线衍射现象是由相干散射射线的干涉引起的,是一种振动的叠加。

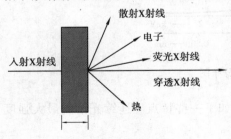

图 2.6 X 射线与物质相互作用过程

X 射线的透射是利用 X 射线进行物质识别,应用十分广泛,是发展较为成熟的技术之一。如图 2.6 所示,X 射线以一定方向通过物质时,其强度会以三种方式受到衰减:光电吸收、相干与非相干散射和电子对效应。因此,在 X 射线透射过程中,产生了很多的现象和变化,并不是只有透射现象发生。由于利用该种方式进行物质识别时所采集的信号来源于穿透物质的 X 射线,故而将其命名为 X 射线透射的物质识别以区别于其他 X 射线的识别方式。实质上,X 射线识别物质的依据在于射线的衰减程度与被透射的物质属性高度相关。

X 射线发生各种现象的概率由截面来表示。截面的概念起源于点粒子被射向固体目标的经典物理图景:将 X 射线看作质点,将目标物质原子看作坚实的球体,则 X 射线与物质相互作用的可能性就等于原子的几何截面与原子平均占有的面积之比。由于光的波粒二象性特点,X 射线与物质的作用截面一般并不等于其几何截面,但截面作为描述粒子间相互作用可能性

的术语保留下来,用希腊字母 σ 表示。下面,详细介绍 X 射线在透射过程中发生的衰减与吸收现象。

（1）光电效应

光电效应的现象是由著名的德国物理学家赫兹首先观察到的,爱因斯坦的光量子理论为光电效应做出了完善的理论解释。

光电效应是指射线光子在穿透物质时,与物质原子内层轨道上的电子发生相互作用。如图 2.7 所示,光子在相互作用中消失,其能量被电子完全吸收,使电子挣脱原子束缚成为自由电子,在原轨道上留下空穴。从原子中挣脱的自由电子被称为光电子,内电层留下空穴的原子处于激发态,很快将有外电层的电子跃迁过来使原子回归基态,同时释放出能量以特征辐射的方式释放出次级 X 射线,或者将原子外层电子激发出去,形成俄歇电子。在光电效应中,发生作用的 X 射线消失了,故而光电效应也称作光电吸收。

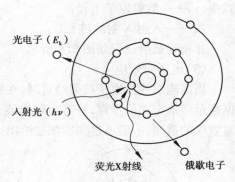

图 2.7　光电效应

光电效应主要在 X 射线能量较小时发生,即 X 射线能量在 1～100 keV 范围内时,光电效应是射线发生衰减的主要原因。光电效应截面 σ_{pe} 由物质属性与 X 射线能量决定,一个经验公式如式（2.6）所示:物质原子序数越大,光电效应发生的概率越大;射线能量越高,光电效应发生的概率越小。

$$\sigma_{pe} \approx (10 \times Z^{4.5})/E^3 \tag{2.6}$$

（2）X 射线的散射

散射是指射线在传播过程中受到某些作用而改变其传播方向的现象。X 射线通过物质时发生的散射是相干散射与非相干散射的总和。

相干散射亦称瑞利散射,是一种弹性散射。在经典电动力学的解释中,在入射 X 射线的交变电磁场作用下,一个电子受迫振动而成为具有交变电矩的偶极子,该偶极子形成交变电场并辐射 X 射线。由于电子受迫振动的频率取决于入射射线频率,因此辐射出的次级 X 射线是方向改变而波长不变的一种散射线。多个这样的散射线构成了一群可以相互干涉的波群,而原子间距离与 X 射线波长具有相同数量级,因而这些散射线具备相互干涉的条件。

相干散射通常是入射 X 射线与结合能大的电子相互碰撞引起的,当 X 射线能量低于50 keV时,相干散射比较明显;随着射线能量增大,相干散射变少,甚至可以忽略。在 X 射线波长大于散射原子有效直径的情况下,相干散射的截面满足如下关系

$$\sigma_{cs} = 4\pi \frac{e^2}{mc^2} Z^2 \left(\frac{\lambda}{2\pi a_T}\right)^2 \left(0.8 - \frac{\lambda}{8a_T}\right) \tag{2.7}$$

式中, $a_T = 0.885 Z^{1/3}$,为有效原子半径。

非相干散射亦名康普顿散射,是一种非弹性散射。能量较大的 X 射线与结合能较小的电子或者自由电子发生非弹性碰撞,使得碰撞后的 X 射线在方向和波长上都发生了变化,并得到一个反冲电子。实验表明,波长的改变 $\Delta\lambda$ 与碰撞的散射角度 θ 有关

$$\Delta\lambda = \lambda' - \lambda = K(1 - \cos\theta) \tag{2.8}$$

式中, λ , λ' ——入射线与非相干散射线的波长;

K——常数,与散射体及入射射线无关。

由上式可以看出,散射线的波长是随机的,当散射角增大时,散射线的波长越长。因此非相干散射线之间不发生相互干涉。非相干散射的截面满足如下关系

$$\sigma_{is}(\lambda) = \pi\gamma_0^2\left\{[1 - 2\lambda(\lambda + 1)]\ln\frac{\lambda + 2}{\lambda} + 4\lambda + 2\frac{1 + \lambda}{(2 + \lambda)^2}\right\} \quad (2.9)$$

式中,γ_0——散射原子半径;

λ——入射 X 射线波长。

非相干散射过程如图 2.8 所示。

(3)电子对效应

当高能射线从原子核旁经过时,在原子核库仑场作用下,射线转化成一对正负电子对。根据能量守恒定律的推算,只有当射线能量大于 1.022 MeV 时,才能够发生电子对效应。电子对效应的截面,一般通过实验测量给出。电子对效应发生过程如图 2.9 所示。

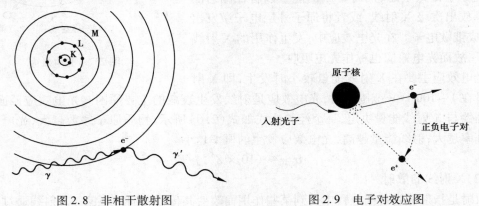

图 2.8 非相干散射图   图 2.9 电子对效应图

3)X 射线的衰减规律

在 X 射线能量低于兆电子伏特时,X 射线的衰减主要由光电效应与散射共同造成。在不同的射线能量范围内,对于不同的物质,光电效应与散射效应对射线衰减的贡献程度并不相同,这在上一节给出的各效应截面公式中已经有所体现,其大致的关系如图 2.10 所示。

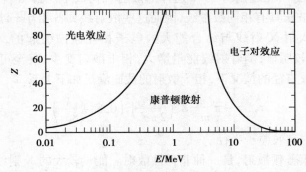

图 2.10 X 射线衰减的组成

由于光电效应与散射两者之间并不相关,故而总的衰减截面可表示为两者的叠加

$$\sigma = \sigma_{pe} + \sigma_s = \sigma_{pe} + (\sigma_{cs} + \sigma_{is}) \quad (2.10)$$

（1）X 射线的衰减系数

截面是用来在微观层面表示 X 射线在穿过单个原子所占有的面积时,发生衰减的概率。现引入线性衰减系数 μ,表示射线穿过单位体积的物质发生的衰减。则有

$$\mu = \sigma n = \sigma \frac{n\rho}{A} \tag{2.11}$$

式中,n——单位体积内所含有的原子数量。

实验证明,由单一能量组成的 X 射线在穿透均匀物质时,其强度的衰减与穿过物质的距离成正比。因而,当 X 射线垂直入射到某一均匀物质时,其衰减满足下列关系

$$\mathrm{d}I_x = - I_x\mu\mathrm{d}x \tag{2.12}$$

式中,I_x——入射射线强度;

$\mathrm{d}x, \mathrm{d}I_x$——射线在物质中行进微小的距离以及因此而产生射线强度的衰减。

将上式进行积分,则得到在统计层面上射线衰减的关系式

$$I = - I_0 e^{-\mu x} \tag{2.13}$$

式中,I_0, I——入射 X 射线强度以及透射 X 射线强度;

x——射线在物质中行进的总距离。该式被称为朗伯-比尔定律,是光吸收的基本定律。

μ 表示单位里程上射线的衰减系数,它与物质的密度和原子序数两个参数有关,因而在采用该系数进行分析工作时比较烦琐。例如,H_2O 在气态、液态和固态时等效原子序数相同,而因具有不同的密度导致其线性衰减系数值不同。为了得到仅与物质等效原子序数相关的衰减系数,从而使分析过程简化明晰,令 $\mu_m = \mu/\rho$,则式（2.13）可改写为

$$I = - I_0 e^{\mu_m \rho x} \tag{2.14}$$

式中,μ_m——质量衰减系数。

在 X 射线波长一定的情况下,它是仅取决于物质原子序数的物理量。X 射线的衰减系数公式是所有采用 X 射线透射方式成像技术的基础。

（2）物质对 X 射线衰减的吸收限

物质质量衰减系数发生异常陡增的点被称作该物质对 X 射线的吸收限。这一现象源于光电效应,在图 2.7 所示的光电效应中可以看到,入射 X 射线发生光电吸收后,如果能量足够,将会产生特征辐射。这个过程的机制与 X 射线的特征光谱的产生相同,只是激发源由高速电子束变成了 X 射线。当 X 射线能量不足以对物质产生特征激发时,光电效应截面较小,因而质量衰减系数也较小;当 X 射线能量刚刚足够对物质产生特征激发时,光电效应截面突然就增大了,从而在一个能量点的左边与右边,质量衰减系数不连续地突变。

吸收限的现象在某些场合下可以加以利用,从而获得极佳的 X 射线成像效果,在另一些场合则需要设法避开。

2.2.2　X 射线物质识别技术

X 射线自发现以来,迅速得到了广泛的发展与应用。X 射线的发现对物理学、化学、生物学、天文学以及材料学等学科产生了巨大的影响,推动了学科的发展。此外,X 射线在工业技术以及医学领域的应用也同样非常广泛。X 射线直接应用于科学研究领域与生产应用领域,主要包括 X 射线透射、X 射线衍射以及 X 射线光谱学等三方面。而在 X 射线的应用领域中,物质识别是发展迅速且影响巨大的一个方向。X 射线技术能够在不损坏物品的前提下,快速地解析得到物质的组成以及状态等特征信息,逐渐成为物质识别领域的首选方案。

1）X 射线光谱分析技术

X 射线的光谱分析是对 X 射线与物质相互作用时所产生的辐射进行分析，从而推断物质特征的技术。经过多年的发展，X 射线荧光光谱分析、X 射线光电子能谱分析以及 X 射线衍射光谱分析等分析技术被陆续建立并不断完善。

X 射线荧光光谱分析法利用 X 射线照射待分析样品，使样品所含元素的内层电子受激发而逸出，同时利用探测器接收外层电子向内电层跃迁时辐射出的特征 X 射线。通过分辨特征 X 射线的能量，推算出物质元素能级间的能量差，即可获得物质的元素构成。

X 射线光电子能谱分析法同样利用 X 射线照射样品，使原子或分子的内层电子或价电子受激发而逸出，同时测量在样品表面逸出的光电子的数量以及动能。由射出的 X 射线能量、测得的光电子的能量以及能谱设备的功函数可计算出电子结合能。由于逸出光电子在空气中衰减极快，整个过程须在真空环境下进行。X 射线光电子能谱分析法是一种表面分析技术，在化学上常用于测定材料表面元素的定性分析，特别是价态分析。

X 射线衍射光谱分析法是采集射线在物质中发生相干散射而形成的衍射谱图，因为 X 射线具有波长短的特点，故而衍射谱图能够反映原子尺寸上的排列变化，从而从衍射谱图推断物质中原子排列的结构。X 射线衍射光谱分析法多被用于物质的物相分析，即获取物质晶体的元素组成与结构参数。

上述 X 射线的光谱分析技术能够对物质的组成成分、原子结构排列以及化学价态等做出定性乃至半定量分析。其中 X 射线荧光光谱分析法多用于物质元素构成分析，X 射线光电子能谱分析法多用于物质化学价态分析，X 射线衍射光谱分析法多用于晶体的结构分析。这三种分析技术能够标定物质属性和成分，是目前 X 射线在物质识别领域最尖端的应用。

运用 X 射线荧光光谱分析法、X 射线光电子能谱分析法和 X 射线衍射光谱分析法技术的物质分析属于表层或薄层分析，这对物质的样品尺寸、厚度、表面光滑度等参数有一定的要求，通常待测对象不能直接满足这些条件，故需要从待测物品上采集样本进行制备。

X 射线光谱分析技术能够精确提取到原子尺寸上的信息，这同时对分析设备的射线源、信号探测接收装置和环境提出了较高的要求，加之对测定样品有一定的要求，X 射线光谱分析技术主要应用于科学研究和大型工业勘探与控制领域。

2）X 射线的散射成像技术

X 射线散射技术主要依赖射线与物质相互作用时发生的康普顿散射效应，即非相干散射。康普顿散射会使 X 射线波长发生变化，即损失一定能量。在第 2 章对康普顿散射的原理介绍中已经指出，在康普顿散射中 X 射线波长的变化取决于散射角度，与物质无关，而康普顿散射的截面与物质相关。因而，散射成像技术通过探测 X 射线的散射强度而非散射导致的波长变化来获取物质信息。低原子序数物质的散射截面较大，从而能够获得较高的散射强度，这一特征被称为有机物加亮效应。散射成像技术是一种定性分析技术，它主要用在安全检查领域，对人体和行李浅表层可能隐藏的危险物如爆炸品、毒品等进行排查。

3）X 射线的透射技术

X 射线透射技术通过测定物质对 X 射线的衰减作用来识别物质。X 射线在穿透物体时会由于各种效应而发生一定程度的衰减，截面与衰减系数分别从微观和宏观层面表示物质对一定波长的 X 射线的衰减能力，截面和衰减系数均与物质的原子序数存在一定的对应关系。将式（2.14）稍做变换，得到

$$\mu_{\mathrm{m}}\rho x = \ln \frac{I_0}{I} \qquad (2.15)$$

质量衰减系数与物质密度以及物质厚度三个因素相互纠缠。其中质量衰减系数与密度具有一定的相关性,而厚度是一个完全自由的变量。因而单能 X 射线透射技术是不具备物质识别能力的,只要合理地调节物质厚度,两种不同的物质在接受单能 X 射线透射照射时可以表现得完全一样。

质量衰减系数不仅取决于物质,也受 X 射线能量影响。采用两种不同能量的 X 射线进行透射实验,使用比值法可以消除物质厚度及密度影响。双能 X 射线透射技术正是基于该原理

$$R = \frac{\mu_{\mathrm{lm}}}{\mu_{\mathrm{hm}}} = \left(\ln \frac{I_{\mathrm{l0}}}{I_{\mathrm{l}}}\right)\Big/\left(\ln \frac{I_{\mathrm{h0}}}{I_{\mathrm{h}}}\right) \qquad (2.16)$$

式中,μ_{lm},μ_{hm}——物质对低能、高能 X 射线的质量衰减系数;

R——双能 X 射线透射下的物质特征值,它是与物质原子序数以及所选择的两股 X 射线的能量相关的参数。

双能透射技术的物质识别能力受 X 射线的非单色性影响比较大,这限制了它识别物质的准确度。

2.3　X 衍射仪的构造及功能

X 射线多晶衍射仪由 X 射线发生器、测角仪、X 射线强度测量系统以及衍射仪控制与衍射数据采集处理系统四大部分组成。图 2.11 为 X 射线多晶衍射仪的构成图。

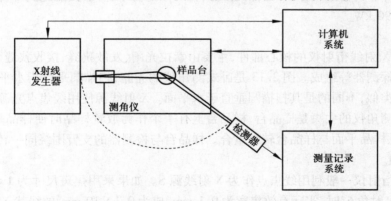

图 2.11　X 射线多晶衍射仪构造示意图

1)X 射线发生器

X 射线衍射仪的 X 射线发生器是高稳定度的。它由 X 射线管、高压发生器、管压管流稳定电路和各种保护电路等部分组成。

衍射用的 X 射线管实际上都属于热电子二极管,有密封式和转靶式两种。密封式 X 射线管的结构如图 2.12 所示。X 射线管工作时阴极接负高压,阳极接地。灯丝附近装有控制栅,使灯丝发出的热电子在电场的作用下聚焦轰击到靶面上。阳极靶面上受电子束轰击的焦点便成为 X 射线源,向四周发射 X 射线。在阳极一端的金属管壁上一般开有四个射线出射窗口,需要的 X 射线就从这些窗口得到。密封式 X 射线管除了阳极一端外,其余部分都是玻璃制成

的。管内高真空可以延长发射热电子的钨灯丝的寿命,防止阳极表面受到污染。早期生产的X射线管一般用云母片作窗口材料,而现在采用 Be 片作为衍射用射线管窗口材料。密封式功率按靶材料的不同而异,常用的 X 射线靶材有 W、Ag、Mo、Ni、Co、Fe、Cr、Cu 等。X 射线管线焦点为 1×10 mm^2,取出角为 $3° \sim 6°$。选择阳极靶的基本要求:尽可能避免靶材产生的特征 X射线激发样品的荧光辐射,以降低衍射花样的背底,使图样清晰。

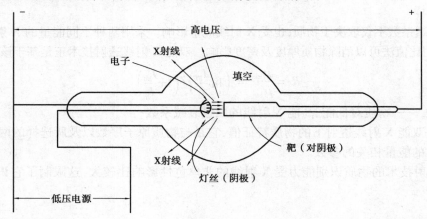

图 2.12　密封式 X 射线管结构

转靶式管采用一种特殊的运动结构以大大增强靶面的冷却,即所谓旋转阳极 X 射线管,它是目前最实用的高强度 X 射线发生装置。管子的阳极设计成圆柱体形,柱面作为靶面,阳极需要用水冷却。对于 Mo 或 Cu 靶管,密封式管的额定功率,一般只能达到 $2 \sim 3$ kW,而转靶式管最高可达 90 kW。

2)测角仪

测角仪是 X 射线衍射仪的核心部件,主要由索拉光闸、发散狭缝、接收狭缝、防散射狭缝、样品座及闪烁探测器等组成。图 2.13 是卧式测角仪的光路,扫描圆平行于水平面;立式测角仪的光路与此类似,不同的是其扫描圆垂直于水平面。X 射线源使用线焦点光源,线焦点与测角仪轴平行。测角仪的中央是样品台,样品台上有一个作为放置样品时使样品平面定位的基准面,用以保证样品平面与样品台转轴重合。样品台与检测器的支臂围绕同一转轴旋转,即图2.13 中的 O 轴。

①X 射线衍射仪一般利用线焦点作为 X 射线源 S。如果采用焦斑尺寸为 1×10 mm^2 的常规 X 射线管,出射角 6°时,实际有效焦宽为 0.1 mm,成为 0.1×10 mm^2 的线状 X 射线源。

②从 S 发射的 X 射线,其水平方向的发散角被第一个狭缝限制之后,照射试样。这个狭缝称为发散狭缝(DS),生产厂供给 $(1/6)°$、$(1/2)°$、$1°$、$2°$、$4°$ 的发散狭缝和测角仪调整用0.05 mm宽的狭缝。

③从试样上衍射的 X 射线束,在 F 处聚焦,放在这个位置的第二个狭缝,称为接收狭缝(RS),生产厂供给 0.15 mm、0.3 mm、0.6 mm 宽的接收狭缝。

④第三个狭缝是防止空气散射等非试样散射 X 射线进入计数管,称为防散射狭缝(SS)。SS 和 DS 配对,生产厂供给与发散狭缝的发射角相同的防散射狭缝。

⑤S_1、S_2 称为索拉狭缝,是由一组等间距相互平行的薄金属片组成,它限制入射 X 射线和

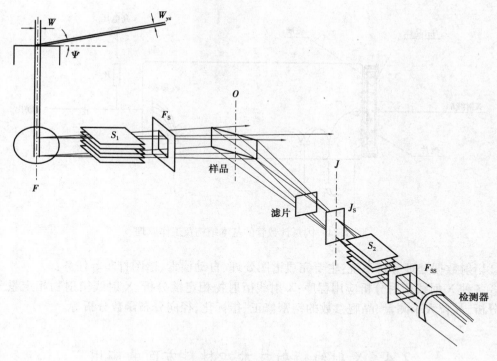

图 2.13　测角仪的光路系统

F—X 射线源焦线；S_1、S_2—第一、第二平行箔片光阑；F_s—发散狭缝；J—接收狭缝中线；

J_s—接收狭缝；J_{ss}—防散射狭缝；O—测角仪转轴线；距离 $FO = OJ$

衍射线的垂直方向发散。索拉狭缝装在叫作索拉狭缝盒的框架里。这个框架兼做其他狭缝插座用，即用来插入 DS、RS 和 SS。

3）X 射线探测记录装置

衍射仪中常用的探测器是闪烁计数器（SC），它是利用 X 射线能在某些固体磷光体中产生的波长在可见光范围内的荧光，这种荧光再转换为能够测量的电流。由于输出的电流和计数器吸收的 X 光子能量成正比，因此可以用来测量衍射线的强度。

图 2.14 为闪烁计数管的基本结构及工作原理图，闪烁计数管的发光体一般是用微量铊活化的碘化钠（NaI）单晶体。这种晶体经 X 射线激发后发出蓝紫色的光。将这种微弱的光用光电倍增管来放大。发光体的蓝紫色光激发光电倍增管的光电阴极面而发出一次光电子。光电倍增管电极由 10 个左右的联极构成，由于一次电子在联极表面上激发二次电子，经联极放大后电子数目按几何级数剧增（约 10^6 倍），最后输出数毫伏的脉冲。

闪烁计数管对于各种 X 射线波长均具有很高的量子效率，且具有稳定性好、使用寿命长、分辨时间短等优点，因而实际上不必考虑检测器本身所带来的计数损失。目前大多数衍射仪均配有 SC 探测器。

4）数据处理和打印谱图系统

数字化的 X 射线衍射仪的运行控制以及衍射数据的采集分析等过程都可以通过计算机系统控制完成。计算机主要具有三大模块：

①衍射仪控制操作系统：主要完成衍射数据的采集等任务；

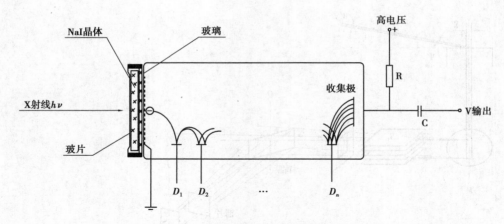

图 2.14　闪烁计数管的基本结构及工作原理

②衍射数据处理分析系统:主要完成谱图处理、自动检索、谱图打印等任务;

③各种 X 射线衍射分析应用程序:X 射线衍射物相定性分析、X 射线衍射物相定量分析、峰形分析、晶粒大小测量、晶胞参数的精密修正、指标化、径向分布函数分析等。

2.4　X 射线衍射技术在材料方面的应用

由 X 射线衍射原理可知,物质的 X 射线衍射花样与物质内部的晶体结构有关。每种结晶物质都有其特定的结构参数(包括晶体结构类型,晶胞大小,晶胞中原子、离子或分子的位置和数目等)。因此,没有两种不同的结晶物质会给出完全相同的衍射花样。通过分析待测试样的 X 射线衍射花样,不仅可以知道物质的化学成分,还能知道它们的存在状态,即能知道某元素是以单质存在或者以化合物、混合物及同素异构体存在。同时,根据 X 射线衍射试验还可以进行结晶物质的定量分析、晶粒大小的测量和晶粒的取向分析。目前,X 射线衍射技术已经广泛应用于各个领域的材料分析与研究工作中。

2.4.1　物相定性分析

衍射谱图是晶体的"指纹",不同的物质具有不同的衍射特征峰值(晶面间距和相对强度),对照 PDF 卡片进行定性分析。X 射线衍射仪定性分析要求试样充分混合,使各晶面达到紊乱分布,样品需要研磨粉末,粒度大约 200 目,从而得到与 PDF 卡片基本一致的粉末衍射数据。有时需要借助 X 射线荧光仪确定样品的基本化学成分,并结合试样的来源以及处理或加工条件,再根据物质相组成方面的知识,才能得到可靠的结论。与 PDF 卡片库比对的过程,可以有目的地加入元素限定,而不要把一些微量元素加入,可以提高物相比对效率。比对的过程应注意,比对位置比比对强度更重要,低角度的线要比高角度的线更重要。在钢铁行业中,应注意合金中的固溶现象,使衍射峰变宽,一般情况下峰会往一边移。另外,合金中有织构,在分析合金样品时,不需要考虑强度的匹配。

1)PDF 卡片简介

J. D. Hanawalt 等人于 1938 年首先发起制备衍射数据卡片的工作,以 *d-I* 数据组代替衍射花样。1942 年美国材料试验协会(ASTM)出版约 1 300 张衍射数据卡片(ASTM 卡片)。1969年成立了"粉末衍射标准联合委员会",由它负责编辑和出版粉末衍射卡片,称为 PDF 卡片。

PDF 卡片索引是一种能帮助实验者从数万张卡片中迅速查到所需要的 PDF 卡片的工具书,由 JCPDS 编辑出版。手册主要包括:Hanawalt 无机物检索手册、有机相检索手册、无机相字母索引、Fink 无机索引、矿物检索手册等品种。

2)物相定性分析方法

①选定实验条件,注意定性相分析的基本要求,获得衍射花样。

②选择滤波片或晶体单色器消除 K_β 衍射线。

③测量范围为 $2\theta > 90°$ 以上,以 $2\theta < 90°$ 的衍射线为主要依据。

④利用连续扫描方法,采用中等扫描速度,如 2°/min 或 4°/min。

⑤选用中等尺寸的狭缝光阑,如 0.3°~1° 的发散狭缝和 0.05°~0.15° 的接收狭缝。

⑥在设备条件(额定功率)允许的情况下,选用尽可能高的管电压和管电流。如 2 kW 功率的铜靶可选 35 kV,40 mA,有利于显示低含量相的衍射信息。

⑦计算间距 d 值和测定相对强度 I/I_1 值(I_1 为最强线的强度),定性相分析以 $2\theta < 90°$ 的衍射线为主要依据。

⑧检索 PDF 卡片:根据待测相的衍射数据,得出三条强线的晶面间距值 d_1、d_2、d_3;根据 d_1(或 d_2、d_3)值,在数值索引中检索适当 d 组,找出与 d_1、d_2、d_3 值复合较好的一些卡片。把待测相的三条强线的 d 值和 I/I_1 值与这些卡片上各物质的三强线 d 值和 I/I_1 值相比较,淘汰一些不相符的卡片,最后获得与实验数据一一吻合的卡片,卡片上所示物质即为待测相。鉴定工作完成。

因 PDF 卡片的不断增多,用人工检索是一项繁重又消耗时间的工作,而计算机应用不断发展,可以用计算机自动检索。

3)物相定性分析的特点及注意事项

在物相定性分析时应注意实验条件对衍射花样的影响,必须要选择合适的实验条件。要充分了解样品的来源、化学成分、物理特性等,这对于做出正确的结论是很有帮助的。物相定性分析可以配合其他方法(如电子显微镜、物理或化学方法等)联合进行更准确的判定。

衍射仪物相定性分析不是做元素分析,而是做元素或组元所处的化学状态、可区别化合物的同素异构态的分析。检测时只需少量粉末状、块状、板状或线状样品就可分析,样品消耗少。当样品由多成分构成时,能区别物质是以混合物还是以固溶体形式存在。

虽然衍射仪物相定性分析有诸多优点但也有其局限性,X 射线物相定性分析的样品必须是结晶态的,气体、液体、非晶物质不能用 X 射线衍射的方法做物相分析;微量的混合物难以检出,检出的极限量依物质而异,一般为 1%~10%;当衍射的 X 射线强度很弱时难以做物相分析。

2.4.2　物相定量分析

物相定量分析是基于待测相的衍射强度与其含量成正比,但由于各物相对 X 射线的吸收不同,使得"强度"并不正比于"含量",需要进行修正。XRD 定量方法的优势在于它能够给出相同元素不同成分的含量,这是一般化学分析不能达到的。粉末 X 射线衍射仪使得含量测量既方便又准确。对于金属试样,微量相(一般质量分数为 5% 以下)一般扫描不出衍射峰,因此采用 X 射线衍射仪只能进行相对半定量分析。粉末试样定量分析时,试样颗粒要足够细(粒度小于 10 μm),制样时避免重压,混合样中各相分布均匀,减少择优取相的影响。在扫描过程中,扫描速度尽可能慢,一般扫描速度为 0.50°/min 或 0.25°/min。铜靶 X 射线管能够通用于各种样品,包括主要成分为 Cr、Mn、Fe、Co、Ni 等元素的样品,因此在金属行业常用铜靶进行物相分析。

1)基本原理

物相定量分析是在定性相分析的基础上测定多相物质中各相的含量。由于各物相的衍射线的强度随该物相在材料中的含量的增加而增加,二者之间有一定的关系,但由于 X 射线受试样吸收的影响,试样中某相的含量与其衍射线强度通常并不正好成正比。根据材料中各物相衍射线的强度比,推算各物相的相对含量。衍射仪精度高、速度快,而且吸收因子 $A(\theta) = \frac{1}{2\mu}$,不随 θ 角的改变而变化,因此普遍采用衍射仪法进行定量分析。对单相物质的强度 I

$$I = \frac{I_0}{32\pi R} \cdot \frac{e^4}{m^2 c^4} \cdot \lambda^3 \cdot \frac{1}{V_0^2} \cdot V_j \cdot F_{hkl}^2 P \frac{1 + (\cos 2\theta)^2}{\sin^2\theta \cos\theta} e^{-2M} \frac{1}{2\mu} \tag{2.17}$$

式中,$\mu = \sum\limits_{j=1}^{n} \mu_j w_j$。

对于多相混合物,各相对 X 射线的吸收各不相同,每个相的含量发生变化时,都会改变总体吸收系数值。要由衍射强度求得各相的含量,必须处理吸收的影响。如果混合物中第 j 相某一衍射线的强度,随 j 相所占体积分数的增加而增加。假定有 n 个相,测其中第 j 相的含量,则第 j 相的衍射线强度为

$$I_j = CK_j \frac{V_j}{2\mu} \tag{2.18}$$

式中,V_j——j 相参加衍射的体积;

$C = \frac{I_0}{32\pi R} \cdot \frac{e^4}{m^2 c^4} \cdot \lambda^3$,代表与待测相含量无关的物理量;

$K_j = F_{hkl}^2 P \frac{1 + (\cos 2\theta)^2}{V_0^2 \sin^2\theta \cos\theta} e^{-2M}$,代表与待测量无关的物理量强度因子。

含量通常用体积分数 v_j 或质量分数 w_j 表示,单位体积内 V_j 与 v_j、w_j 之间的关系如式(2.19)、式(2.20)、式(2.21)所示。

$$v_j = \frac{V_j}{V} = V_j \tag{2.19}$$

$$w_j = \frac{V_j \rho_j}{V\rho} \tag{2.20}$$

$$v_j = \frac{w_j \rho}{\rho_j} \tag{2.21}$$

可得多相混合物的线吸收系数 μ

$$\mu = \rho\mu_m = \rho \sum\limits_{j=1}^{n} w_j (\mu_m) \tag{2.22}$$

根据第 j 相体积分数 v_j 或质量分数 w_j,可计算得到第 j 相的衍射线强度

$$I_j = CK_j \frac{v_j}{2\rho \sum\limits_{j=1}^{n} w_j (\mu_m)_j} \tag{2.23}$$

24

$$I_j = CK_j \frac{w_j}{2\rho_j \sum\limits_{j=1}^{n} w_j(\mu_\mathrm{m})_j} \tag{2.24}$$

2）定量相分析方法

物相定量分析的具体方法主要有：单线条法、外标法、内标法、K 值法、绝热法、直接比较法和联立方程法等。

（1）内标法

内标法是最经典的物相定量分析方法，即在被测的粉末试样中加入一种含量恒定的标准物质制成复合试样，通过测复合试样中待测相的某一衍射线强度与内标物质某一衍射线强度之比，测定待测相含量。标样一般常用 $\alpha\text{-}Al_2O_3$、SiO_2、NiO。

如果被测试样含 n 相，测 A 相，A 相在原始试样中质量分数为 w_A，复合样中为 w'_A，标准物质 S 在复合样中的质量分数为 w_S，则 w_A 可表示为

$$w_\mathrm{A} = \frac{w'_\mathrm{A}}{(1 - w_\mathrm{S})} \tag{2.25}$$

$$I_\mathrm{A} = CK_\mathrm{A} \frac{w'_\mathrm{A}}{2\rho_\mathrm{A} \sum\limits_{j=1}^{n+1} w_j(\mu_\mathrm{m})_j} \tag{2.26}$$

$$I_\mathrm{S} = CK_\mathrm{S} \frac{w_\mathrm{S}}{2\rho_\mathrm{S} \sum\limits_{j=1}^{n+1} w_j(\mu_\mathrm{m})_j} \tag{2.27}$$

由式（2.26）和式（2.27）可得

$$\frac{I_\mathrm{A}}{I_\mathrm{S}} = \frac{K_\mathrm{A}}{K_\mathrm{S}} \frac{\rho_\mathrm{S}}{\rho_\mathrm{A}} \frac{w'_\mathrm{A}}{w_\mathrm{S}} = \frac{K_\mathrm{A}\rho_\mathrm{S}(1 - w_\mathrm{S})}{K_\mathrm{S}\rho_\mathrm{A} w_\mathrm{S}} w_\mathrm{A} \tag{2.28}$$

由式（2.28）简化可得

$$\frac{I_\mathrm{A}}{I_\mathrm{S}} = K \cdot w_\mathrm{A} \tag{2.29}$$

（2）K 值法

K 值法又称基本冲洗法。不需做定标曲线，是通过内标方法直接求出 K 值。与内标法相比，主要是对 K 值的处理不同。

设待测试样中含有几个相，要测 j 相的含量，含量为 w_j，掺入的内标物质为 S，加入量为 w_S，复合样中 w'_j，$w'_j = \dfrac{w_j}{1 - w_\mathrm{S}}$

$$I_j = CK_j \frac{w'_j}{2\rho_j \sum\limits_{j=1}^{n+1} w_j(\mu_\mathrm{m})_j} \tag{2.30}$$

$$I_\mathrm{S} = CK_\mathrm{S} \frac{w_\mathrm{S}}{2\rho_\mathrm{S} \sum\limits_{j=1}^{n+1} w_j(\mu_\mathrm{m})_j} \tag{2.31}$$

由式（2.30）和式（2.31）可得

$$\frac{I_j}{I_\mathrm{S}} = \frac{K_j}{K_\mathrm{S}} \cdot \frac{\rho_\mathrm{S}}{\rho_j} \cdot \frac{w'_j}{w_\mathrm{S}} = K_\mathrm{S}^j \frac{w'_j}{w_\mathrm{S}} \tag{2.32}$$

式中，K_s^j——参比强度值，其只与两相的密度和衍射角有关，与相的含量无关，K_s^j是一个常数，要求 w_j' 得先求出 K_s^j。

K 值法实验步骤主要为以下几步：

①测定 K_s 值。制备 $w_j : w_s = 1 : 1$ 的两相混合样。$K_s^j = \dfrac{I_j}{I_s}$（I_j、I_s 各选一个合适的衍射峰）；

②掺入与 K_s^j 相同的内标物质，制备待测相的复合样；

③精确测量 I_j、I_s，所选峰及条件与 K_s^j 同；

④通过 K_s^j 求待测相含量。求得 $w_j' \rightarrow w_j = \dfrac{w_j'}{1 - w_s}$。

（3）绝热法

绝热法是在 K 值法的基础上提出的。不与系统外发生关系，用试样中某一个相作标准物质。特点是不需要向试样中掺入内标物质，减少实测工作麻烦。既适用于粉末试样，也适用于整体试样，但不能测定含未知相的多相混合试样。

（4）直接对比法

直接对比法不需向待测试样中掺入内标物质，是以两相的衍射强度比为基础，强度参比量通过理论计算。适用于淬火钢中残余奥氏体的测定和其他同素异形转变。

如待测试样中含有 n 个相，它的体积分数为 V_j，各相含量的总和等于 1，可写出 n 个强度方程

$$I_i = CK_i \frac{V_i}{2\rho \sum\limits_{i=1}^{n} W_i (\mu_\mathrm{m})_i} \quad (i = 1, 2, \cdots, m, \cdots, n) \tag{2.33}$$

用其中的某一个方程去除其余方程可得 $n - 1$ 个方程，可得

$$\frac{I_i}{I_\mathrm{m}} = \frac{K_i}{K_\mathrm{m}} \cdot \frac{V_i}{V_\mathrm{m}} \text{ 或 } V_i = \frac{I_i}{I_\mathrm{m}} \cdot \frac{K_\mathrm{m}}{K_i} \cdot V_\mathrm{m} \tag{2.34}$$

$$\sum_{i=1}^{n} \frac{I_i}{I_\mathrm{m}} \cdot \frac{K_\mathrm{m}}{K_i} \cdot V_\mathrm{m} = \frac{K_\mathrm{m}}{I_\mathrm{m}} \cdot V_\mathrm{m} \sum_{i=1}^{n} \frac{I_i}{K_i} = 1 \tag{2.35}$$

$$V_\mathrm{m} = \frac{I_\mathrm{m}}{K_\mathrm{m}} \Big/ \sum_{i=1}^{n} \frac{I_i}{K_i} \tag{2.36}$$

将式（2.35）代入式（2.33）中可得直接对比法实用方程

$$V_i = \frac{I_i}{K_i} \Big/ \sum_{i=1}^{n} \frac{I_i}{K_i} = \frac{I_i}{K_i \sum\limits_{i=1}^{n} \dfrac{I_i}{K_i}} \tag{2.37}$$

将实验得到的 I_i 和计算得到的 K_i 代入式（2.36）求得 V_i，再利用 $W_j = V_i \rho_j / \rho$，求得 W_j。

以淬火钢为例，淬火钢只含与体积相（α 相）和奥氏体相（γ 相），且 $V_\alpha + V_\gamma = 1$，根据直接对比法实用方程（2.90）可得

$$V_\gamma = \frac{I_\gamma}{K_\gamma \left(\dfrac{I_\gamma}{K_\gamma} + \dfrac{I_\alpha}{K_\alpha} \right)} = \frac{I_\gamma K_\alpha}{I_\gamma K_\alpha + I_\varepsilon K_\gamma}$$

若有碳化物相，这时 $V_\alpha + V_\gamma + V_\mathrm{C} = 1$，则 V_γ 为

$$V_\gamma = \frac{I_\gamma}{K_\gamma \left(\dfrac{I_\gamma}{K_\gamma} + \dfrac{I_\alpha}{K_\gamma} + \dfrac{I_C}{K_C} \right)}$$

2.4.3 残余奥氏体定量分析

钢材中残余奥氏体定量分析,钢材经加热奥氏体化后快冷至室温未能转化为其他组织,形成残余奥氏体。残余奥氏体在钢中不稳定,钢材使用过程中,残余面心立方奥氏体逐渐转变为四方晶系马氏体相,这种相变将在钢中引起体积膨胀,促使钢中产生大量应力,因而引起钢材断裂。在马氏体形成过程中残留奥氏体会显著影响钢的应力和疲劳性能,尤其在高强度合金钢中,残余奥氏体含量的微小变化对部件的强度及疲劳性能均产生显著影响。通常采用金相法对残余奥氏体含量进行测量,试样腐蚀程度的深浅会影响试验结果,而采用 X 射线衍射仪不需要腐蚀试样,可以比较准确地进行残余奥氏体定量分析。

2.4.4 晶体点阵参数的测定

点阵参数是晶态材料的重要物理参数之一,精确测定点阵参数有助于研究该物质的键合能和键强;计算理论密度、各向异性热膨胀系数和压缩系数、固溶体的组分和固溶度、宏观残余应力大小;确定相溶解度曲线和相图的相界,研究相变过程,分析材料点阵参数与各种物理性能的关系等;确定点阵参数的主要方法是多晶 X 射线衍射法。

X 射线衍射法测定点阵参数是利用精确测得的晶体衍射线峰位数据,然后根据布拉格定律和点阵参数与晶面间距 d 值之间的关系式(表 2.1)计算点阵参数的值。

表 2.1 d 值与晶面指数、晶胞参数关系

晶系	点阵参数	d 值计算
立方(等轴)	$a = b = c$, $\alpha = \beta = \gamma = 90°$	$\dfrac{1}{d_{hkl}^2} = \dfrac{h^2 + k^2 + l}{a^2}$
正方(四方)	$a = b \neq c$, $\alpha = \beta = \gamma = 90°$	$\dfrac{1}{d_{hkl}^2} = \dfrac{h^2 + k^2}{a^2} + \dfrac{l^2}{c^2}$
正交(斜方)	$a \neq b \neq c$, $\alpha = \beta = \gamma = 90°$	$\dfrac{1}{d_{hkl}^2} = \dfrac{h^2}{a^2} + \dfrac{k^2}{b^2} + \dfrac{l^2}{c^2}$
六方(六角)	$a = b \neq c$, $\alpha = \beta = 90°$, $\gamma = 120°$	$\dfrac{1}{d_{hkl}^2} = \dfrac{4}{3} \dfrac{h^2 + hk + k^2}{a^2} + \dfrac{l^2}{c^2}$
三角	$a = b = c$, $\alpha = \beta = \gamma \neq 90°$	$\dfrac{1}{d_{hkl}^2} = \dfrac{(h^2 + k^2 + l^2) \sin^2\alpha + 2(hk + hl + kl)(\cos^2\alpha - \cos\alpha)}{a^2(1 - 3\cos^2\alpha + 2\cos^3\alpha)}$
单斜	$a \neq b \neq c$, $\alpha = \gamma = 90° \neq \beta$	$\dfrac{1}{d_{hkl}^2} = \dfrac{h^2}{a^2\sin^2\beta} + \dfrac{k^2}{b^2\sin^2\beta} + \dfrac{l^2}{c^2\sin^2\beta} - \dfrac{2hl\cos\beta}{ac\sin^2\beta}$
三斜	$a \neq b \neq c$, $\alpha \neq \beta \neq \gamma \neq 90°$	$\dfrac{1}{d_{hkl}^2} = \dfrac{1}{v^2}[h^2b^2c^2\sin^2\alpha + k^2c^2a^2\sin^2\beta + l^2a^2b^2\sin^2\gamma + 2kla^2bc(\cos\beta\cos\gamma - \cos\alpha) + 2lhab^2c(\cos\gamma\cos\alpha - \cos\beta) + 2hkabc^2(\cos\alpha\cos\beta - \cos\gamma)]$

2.4.5 微观应力和宏观应力的测定

微观应力是指由于形变、相变、多相物质的膨胀等因素引起的存在于材料内各晶粒之间或晶粒之中的微区应力。当一束 X 射线入射到具有微观应力的样品上时,由于微观区域应力取向不同,各晶粒的晶面间距产生了不同的应变,即在某些晶粒中晶面间距扩张,而在另一些晶粒中晶面间距压缩,结果使其衍射线并不像宏观内应力所影响的那样单一地向某一方向位移,而是在各方向上都平均地作了一些位移,总的效应是导致衍射线漫散宽化。材料的微观残余应力是引起衍射线线形宽化的主要原因,因此衍射线的半高宽即衍射线最大强度一半处的宽度是描述微观残余应力的基本参数。钱桦等在利用 X 射线衍射研究淬火 65 Mn 钢回火残余应力时发现:半高宽的变化与回火时间、温度密切相关。与硬度变化规律相似,半高宽也是随着回火时间的延长和回火温度的升高呈现单一下降的趋势。因此,X 射线衍射中半高宽可以用于回火过程中残余应力消除情况的判定。

在材料部件宏观尺度范围内存在的内应力分布在它的各个部分,相互间保持平衡,这种内应力称为宏观应力。宏观应力的存在使部件内部的晶面间距发生改变,所以可以借助 X 射线衍射方法来测定材料部件中的应力。按照布拉格定律可知,在一定波长辐射发生衍射的条件下,晶面间距的变化导致衍射角的变化,测定衍射角的变化即可算出宏观应变,因而可进一步计算得到应力大小。总之,X 射线衍射测定应力的原理是以测量的衍射线位移作为原始数据,所测得的结果实际上是应变,而应力则是通过胡克定律由应变计算得到。

借助 X 射线衍射方法来测定试样中宏观应力具有以下优点:

①不用破坏试样即可测量;

②可以测量试样上小面积和极薄层内的宏观应力,如果与剥层方法相结合,还可测量宏观应力在不同深度上的梯度变化;

③测量结果可靠性高等。

2.4.6 结晶度的测定

结晶度是影响材料性能的重要参数。在一些情况下,物质晶相和非晶相的衍射谱图往往会重叠。结晶度的测定主要是根据晶相的衍射谱图面积与非晶相谱图面积的比值,在测定时必须把晶相、非晶相及背景不相干散射分离开来。可用式 2.38 表示

$$X_c = I_c/(I_c + KI_a) \tag{2.38}$$

式中,X_c——结晶度;

I_c——晶相散射强度;

I_a——非晶相散射强度;

K——单位质量样品中晶相与非晶相散射系数之比。

目前主要的分峰法有几何分峰法和函数分峰法。采用 X 射线衍射技术可以测定高聚物聚丙烯的结晶度,利用函数分峰法分离出非晶峰和各个结晶峰,计算出不同热处理条件下聚丙烯的结晶度,得出聚丙烯结晶度与退火时间的规律。

2.4.7 晶体取向及织构的测定

晶体取向的测定又称为单晶定向,就是找出晶体样品中晶体取向与样品外坐标系的位向

关系。虽然可以用光学方法等物理方法确定单晶取向,但 X 衍射法不仅可以精确地确定单晶定向,同时还能得到晶体内部微观结构的信息。一般用劳埃法单晶定向,其根据是底片上劳埃斑点转换的极射赤面投影与样品外坐标轴的极射赤面投影之间的位置关系。透射劳埃法只适用于厚度小且吸收系数小的样品,背射劳埃法就无须特别制备样品,样品厚度大小等也不受限制,因而多用此方法。

多晶材料中晶粒取向沿一定方位偏聚的现象称为织构,常见的织构有丝织构和板织构两种类型。为反映织构的概貌和确定织构指数,有三种方法描述织构:极图、反极图和三维取向函数,这三种方法适用于不同的情况。对于丝织构,要知道其极图形式,只要求出其丝轴指数即可,照相法和衍射仪法是可用的方法。板织构的极点分布比较复杂,需要两个指数来表示,且多用衍射仪进行测定。

课后思考题

1. 简述 X 射线的本质和性质。

2. 简述 X 射线产生的原理和产生的条件。

3. 简述 X 射线连续光谱和特征光谱产生的原因及特点。

4. 简述 X 射线法精确测量晶格常数的方法原理与应用。

5. 试总结简单立方点阵、体心立方点阵和面心立方点阵的衍射线系统消光规律。

6. 体心立方晶体点阵常数 $a = 0.286\ 6$ nm,用波长 $\lambda = 0.229\ 1$ nm 照射,试计算(110)、(200)及(211)晶面可能发生的衍射角?

7. 已知 Ni 对 Cu 靶 K_α 和 K_β 特征辐射的线吸收系数分别 407 cm^{-1} 和 2 448 cm^{-1},为使 Cu 靶的 K_β 线透射系数是 K_α 线的 1/6,求 Ni 滤波片的厚度?

8. X 射线衍射定量分析(K 值法)所依据的原理是什么?简述 X 射线定量分析的简要步骤。

第**3**章
光学显微分析技术

光学显微镜(optical microscope,OM)是利用光学原理,把人眼所不能分辨的微小物体放大成像,以供人们提取细微结构信息的光学仪器。光学显微镜是一种使用很普遍的基本观测仪器,除了使用一般明视野透射光以外,还可以使用暗视野、相差、偏光、荧光、紫外光、红外光进行样品的观察。除了进行细微结构的观察以外,还可以进行照相、描绘、X投影放大,以及对微小物体的长度、面积和体积的测量。光学显微镜同电影、电视、分光光度术等现代技术的结合,推动了显微电影摄影机、电视显微镜、自动影像分析仪、显微分光光度计、流式细胞分光光度计等大型自动影像记录和测量分析仪器的出现,不仅可以真实地记录活体生物中微观的运动和变化过程,而且还可以迅速准确地对微小物体及其结构成分进行定量分析。

3.1 基本原理

3.1.1 光学显微镜发展简史

早在公元前1世纪,人们就发现通过球形透明物体去观察微小物体时可以使其放大成像。13世纪以前玻璃就已经发明了,并且逐渐被磨成各种透镜来使物体放大成像,这就是放大镜的前身。凸透镜因其具有放大功能而被叫作放大镜,多透镜的复式显微镜发明后,单个凸透镜又被称为单式显微镜。1590年荷兰眼镜制造商Janssen父子偶然将两个不同的透镜重叠至适当距离,发现物体被放大了许多,比用单个透镜所看到的要大得多。于是他们用两个口径不同的铁筒把两个透镜固定起来,并且两个铁筒可以套合滑动,以改变透镜的距离,这便是复式显微镜的雏形。当两个活动镜筒完全伸出时,它的放大率是10倍。1605年,Janssen父子用镀金铜片做了一台更加精致的复式显微镜。复式显微镜的发明,是科学史上的里程碑,人类从此开始认识微观世界。但是一直到17世纪末,复式显微镜都没有单式显微镜使用广泛,因为当时的透镜制造技术不高,制造出的复式显微镜的像差和色差都很大,这使得人们大都不喜欢使用复式显微镜。

荷兰人Antony van Leeuwenhoek在1671—1723年研制出了一种曲率很大的小型显微镜,这种显微镜由两片连接很紧的铜板或银板组成,在这两块金属板的两个开口之间装置着一个很小的大曲率透镜,透镜的焦距在 1 mm 以下,物体被放在针尖上,针尖可以用两个螺旋调节聚焦。这种显微镜必须紧贴眼镜对着光线进行观察,它虽然异常简单,但放大率却高达240～280 倍,能够分辨(1/700)mm 的精细结构。Leeuwenhoek 用这种显微镜探索了许多领域,特别是描述了细菌、精子和血细胞的结构。

1830 年意大利光学专家 G. B. Amici 解决了高放大倍数物镜的矫正问题,提出了使用消色差透镜复合体的组合,并在 1850 年发明了水浸观察方法,制成了水浸物镜。1886 年英国的 E. Abbe 制成了复消色差显微镜并改进了油镜,发明了聚光器,至此显微镜逐渐成了生物学研究中的标准仪器。19 世纪后期至 20 世纪后期,光学显微镜得到了迅速的发展,出现了多种用途的显微镜:紫外光显微镜、荧光显微镜、暗视野显微镜、相衬显微镜、偏光显微镜、倒置显微镜、立体显微镜、X 射线显微镜、干涉显微镜、激光扫描共聚焦显微镜以及近场扫描光学显微镜。

①紫外光显微镜:以紫外光为光源,由于被检物体内各种组成对紫外光吸收能力不同,因此可使未染色的标本容易鉴别。同时紫外光的波长比可见光短一半,从而分辨率增加了两倍,所以能看到染色方法看不到的结构。

②荧光显微镜:利用紫外光的照射,使标本内的荧光物质发生各种不同颜色的荧光,用来观察和分析标本内某些物质的性质和位置(图 3.1)。

③暗视野显微镜:以丁达尔效应为基础,利用特别的聚光器,使照射光线不直接进入物镜,只允许被标本反射和衍射的光线进入物镜,因此整个视野的背景是暗的,用这种显微镜能够观察到普通视野显微镜下看不到的粒子。

④偏光显微镜:载物台下有一个下偏光镜,物镜上有一个正交于下偏光镜的上偏光镜,目镜下有一个勃氏镜,用于生物等分析和识别(图 3.2)。

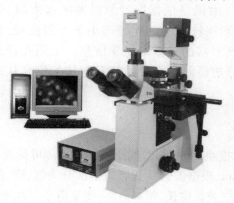
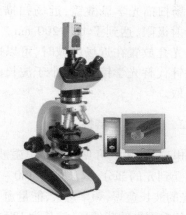

图 3.1　HFM-500P 型倒置荧光显微镜　　　图 3.2　XP-303P 型偏光显微镜

⑤相衬显微镜:又称为相位差显微镜,是为了满足观察无色透明活细胞的需要而研制的。利用环状光阑,使光波通过物体时波长与振幅发生变化,以增大物体明暗的反差,用来观察未染色的活体标本的细微机构及其变化(图 3.3)。

⑥倒置显微镜:改变了目镜、物镜、标本、光源自上而下的顺序,标本可以直接通过载玻片来培养后直接镜检,广泛用于细胞培养。

⑦立体显微镜:把被观察的物体放大,形成正立的有立体感的像,它具有较长的工作距离

和较大的视场,可用于生物的解剖等。

⑧X 射线显微镜:以 X 射线为入射光源,是分析和研究生物的有力工具。

⑨干涉显微镜:由显微镜和干涉仪组合而成,比较适于研究活体细胞中较大的细胞器,如细胞核。

⑩激光扫描共聚焦显微镜:以单色激光作为光源,使样品被激发出荧光,利用计算机进行图像处理。利用激光扫描束经照明孔形成点光源对标本内焦平面上的每一点扫描,照明孔与检测孔相对于物镜焦平面是共轭的,焦平面上的点同时聚焦于照明孔和检测孔,焦平面以外的点不会在检测孔处成像,这样就得到了标本清晰的光学切面图,克服了普通光镜图像模糊的缺点(图3.4)。

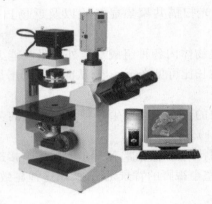

图 3.3　HPC-600P 型相衬显微镜　　　　图 3.4　LSM900 型激光共聚焦显微镜

⑪近场扫描光学显微镜:近场扫描光学显微镜是依据探针原理发展起来的,分辨率突破光学衍射极限,达到了 10 ~ 200 nm。其光学探针尖端的孔径远小于光的波长,当把这样的亚波长光孔放置在近场区域时,可以探测到丰富的亚微米光学信息。采用孔径远小于光波长的探针代替光学镜头,将小于波长的超分辨极限的精细结构和起伏的信息从近场区的电磁场获取。

3.1.2　光的基本特性

光是电磁波,尤其可见光只是电磁波谱中很小的一部分,如图 3.5 所示。可见光是人的视觉所能感受到光的部分,其波长为 380 ~ 760 nm,根据波长从长到短依次分为红、橙、黄、绿、青、蓝、紫。光的波长愈短,频率愈大,能量愈大;反之波长愈长,频率愈小,能量愈小。在光学频率范围内还包括看不见的紫外光(波长为 120 ~ 380 nm)和红外光(波长为 760 ~ 10 000 nm),现在紫外光和红外光也已用于显微镜观察,并随之出现了特殊的紫外光显微镜和红外光显微镜,不仅如此,就连波长短到几埃或更小的 X 射线也用于显微术及照相术中,尽管如此,能够用于光学显微镜的仅仅是电磁波谱中很小的一部分。

1)几何光学原理

当光与尺寸比光的波长大得多的宏观物体相互作用时,可以用光线概念来描述和研究光的传播、处理光的成像问题,由此构成几何光学。用一条表示光的传播方向的直线来代表光,这条几何线称为光线。借助光线的概念,可将几何光学基本原理的要点表述如下:

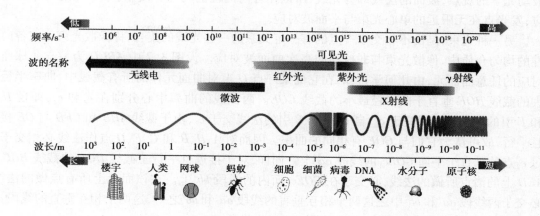

图 3.5　电磁波谱

①光的直线传播定律:在均匀介质中,光沿直线传播。即在均匀介质中,光线为一直线;

②光的独立传播定律:自不同方向或由不同物体发出的光线相交后,每条光线的直线传播不受影响,仍沿原方向传播;

③光的反射和折射定律:当光线由一介质进入另一介质时,光线在两个介质的分界面上被分为反射光线和折射光线。反射光线和折射光线的进行方向,可分别由反射定律和折射定律来表述;

反射定律——如图 3.6 所示,入射光线 AB、分界面 B 点的法线 NB 和反射光线 BC,三者在同一平面内,并且反射光线与法线间的夹角 i'(反射角)等于入射光线与法线间的夹角 i(入射角)。

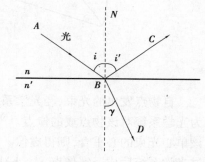

折射定律——如图 3.6 所示,入射光线 AB、分界面 B 点的法线 NB 和折射光线 BD,三者在同一平面内,并且入射角 i 的正弦与折射角 γ(折射光线与法线间的夹角)的正弦之比,取决于两介质的折射率 n 和 n'。折射定律可表示为

$$\frac{\sin i}{\sin \gamma} = \frac{n'}{n} \tag{3.1}$$

图 3.6　反射定律和折射定律示意图

④费马原理:光在不均匀介质中传播时,由一介质中的一点 A 传播至另一介质中的一点 B 所走的路径是传播所需时间为极值的路径。也可以理解为:光是沿光程为极值(极大、极小或常量)的路程传播,其中光程在数值上等于介质的折射率和在介质中所走路程的乘积。光的直线传播定律、光的反射和折射定律都可以看作是费马原理的必然结果。

设想发射光线的光源与几何点一样只有几何位置,而没有大小,这样的光源称为发光点。若光线实际发自某点,则该点即为实发光点;反之,若该点为各条光线延长线的交点,则为虚发光点。

有一定关系的光线的集合称为光束,自同一发光点发出的许多光线构成的光束称为单心光束(或同心光束)。作为光学系统成像对象的实际物体,它的每一点都发出单心光束。按照波动光学的观点,波面的法线即为光线,所以在各向同性的均匀介质中,单心光束与球面波对应;发光点在无限远的单心光束与平面波对应。

另一种光束,是由不相交于一点的有一定关系的一些光线的集合,称像散光束。在各向同性的均匀介质中,像散光束与非球面的高次曲面波对应。设图 3.7 中 $ABCD$ 为一与非球面波对应的任意曲面元,由几何学可知,在它的某一点 O 上对曲面元作的所有截线中,曲率半径最大的截线 HOF 垂直于曲半径最小的截线 GOE。两截线的曲率中心分别在 c_1 和 c_2,即自 H、O 和 F 引的法线——光线交于 c_1,自 G、O 和 E 引的法线交于 c_2,由于截线 AHB 和 CFD 与 OE 接近且平行,故可认为它们与 GOE 有相同的曲率。因而对 A、H、B 和 C、F、D 点作法线必相交于通过 c_2 点的垂直于平面 $GOEc_1$ 的线段 aa' 上。同样,对于接近且平行于截线 HOF 的截线 BGC 和 AED 上的诸点所做的法线,必交于在 $GOEc_1$ 面内的线段 bb' 上。在该面元上所有点做的法线,必交于两线段 aa' 和 bb' 中之这两个相互垂直的线段 aa' 和 bb' 之一,这两个相互垂直的线段 aa' 和 bb' 称为该像散光束的焦线,两者的距离 c_1c_2 为像散差。

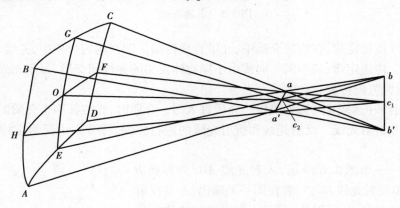

图 3.7　像散差示意图

自物点发出的光束,经光学系统后若仍保持为单心光束,则这个经过系统后的光束的心称为光学系统对该物点成的像点。当光线实际通过光束的心时,则得实像;若是光线的延长线与该单心光束的心重合,则得虚像。如图 3.8 中,(a)图表示自实发光点 S 发出的单心光束,经过光学系统后成一实像点 S';(b)图表示虚发光点 S 经过光学系统后成一实像点 S';(c)图和(d)图表示实发光点 S 经过光学系统后成一虚像点 S'。若自物点发出的光束,经光学系统后变成为像散光束,则光束的心被两焦线代替,像点被弥散斑代替,将得不到像点。

2)波动光学基本原理

当光与尺寸可以和光波波长相接近的物体相互作用时,光表现出典型的波动特性。例如,当光通过极细小的缝或孔时,会产生衍射效应。波动光学就是将光看成是在空间连续分布的电磁波,可以解决光的干涉、衍射、偏振等问题,以及描述光与物质的相互作用,如散射和色散等现象。也可以用波动理论来解决光的直线传播、反射、折射成像等几何光学领域的问题,几何光学就是波动光学在衍射效应可以忽略(光波波长可视为极短)时的极限情况。

光的衍射是指光在传播过程中遇到障碍物时偏离几何光学路径的现象,具体表现为光可以绕过障碍物,传播到障碍物的几何阴影中,并且在观察屏上呈现出光强不均匀分布的衍射图样。衍射是波的基本特征,单束明显的衍射现象只有在衍射障碍物的线度 a 与所考察波动的

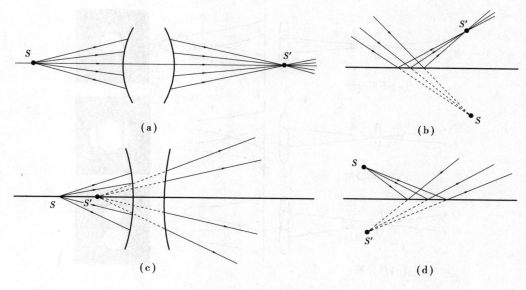

图 3.8　物点成像示意图

波长 λ 相接近时才表现出来。比值 λ/a 越大,衍射现象越明显,当比值 λ/a 趋于零时,则衍射现象消失,光将按照几何光学的规律传播。

　　显微镜所观察的显微组织,往往几何尺寸很小,当小至可与光波的波长相接近时,此时不能再近似地把光线看成是直线传播,而要考虑衍射的影响。另一方面,显微镜中的光线总是部分相干的,因此显微镜的成像过程是个比较复杂的衍射相干过程。由于衍射等因素的影响,显微镜的分辨能力和放大能力都受到一定限制。

3.1.3　显微镜的分辨本领

1)瑞利判据

　　两个靠近的点状物或一个物体上的两点发出的光通过透镜或衍射圆孔成像时,会形成两个衍射斑,它们的像就是这两个衍射斑的非相干叠加。如果两个衍射斑之间的距离过近,斑点过大,则两个物点的像就不能分辨,像也就不清晰了。瑞利(J. W. Rayleigh)提出了一个分辨标准,称为瑞利判据。

　　瑞利判据的内容:对于两个强度相等的不相干的物点,一个物点的衍射斑的主极大中心刚好和另一个物点衍射斑的第一个极小位置相重合时,两个衍射斑的合成光强的明、暗比约为0.8,这时两个像斑或物点恰好为光学仪器或人眼睛所能分辨的极限,如图 3.9 所示。

　　2)成像仪器的分辨本领

　　以透镜为例,在刚好满足瑞利判据时物方和像方各量的关系如图 3.10 所示。两物点 S_1 和 S_2 以及对应像斑中心 P_1 和 P_2,在此临界情况下对透镜中心的张角分别为 $\delta\theta$ 和 $\delta\theta'$,将 $\delta\theta$ 和 $\delta\theta'$ 分别称为物方和像方的最小分辨角,又称分辨极限。根据瑞利判据,此时每一衍射斑的半角宽 $\Delta\theta$ 恰好等于两像斑中心角距离 $\delta\theta'$,根据夫琅禾费圆孔衍射的结果可知:$\Delta\theta = 1.22\dfrac{\lambda}{D}$,因此有

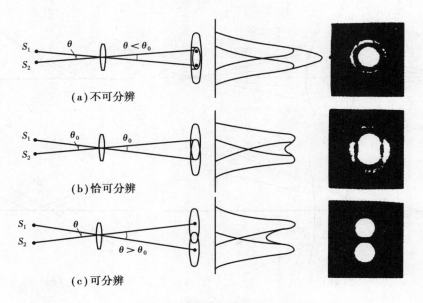

图 3.9　瑞利判据图示说明

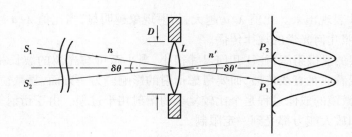

图 3.10　恰能分辨时物方和像方各量的关系

$$\delta\theta' = 1.22\frac{\lambda'}{D} = 1.22\frac{\lambda}{n'D} \qquad (3.2)$$

式中,λ——真空中光波的波长;

　　　λ'——像方光波的波长;

　　　n'——像方折射率。

设物方折射率为 n,利用折射定律的傍轴近似形式

$$n\delta\theta = n'\delta\theta' \qquad (3.3)$$

可得到物方最小分辨角为

$$\delta\theta = 1.22\frac{\lambda}{nD} \qquad (3.4)$$

（1）人眼的分辨本领

人的眼睛可看成一等效正透镜,物方折射率 $n=1$,像方折射率 $n'=1.336$,瞳孔为直径可变的圆形光阑,视网膜为像平面,由式 3.4 可得到物方最小分辨角为

$$\delta\theta_e = 1.22\frac{\lambda}{nD_e} \qquad (3.5)$$

式中，D_e——瞳孔直径，它可以依据不同光照条件在 2～8 mm 之间变化。

若取 $D_e = 2$ mm、λ 为白光平均波长 550 nm，则 $\delta\theta_e = 3.4 \times 10^{-4}$ rad $= 70''$。通常取 $1'$ 作为人眼睛的最小分辨角，它在明视距离 25 cm 处的最小分辨间距约为 0.073 mm，即人眼观察物体的能力是有限的，在 25 cm 的明视距离下，当两个物体相距不到 0.073 mm 时，人眼就会把它们看成是一个物体了，这个极限（0.073 mm）即为人眼的分辨本领。

（2）显微镜的分辨本领

显微镜是用于观察近处微小物体的，其分辨本领用物方最小分辨距离表示。

如图 3.11 所示，对显微镜来说物方孔径角 u 通常较大，不满足傍轴近似；而像方孔径角 u' 较小，满足傍轴近似。根据式（3.2）可以得到像方最小分辨距离为

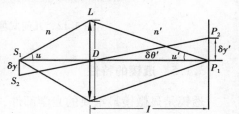

图 3.11　显微镜的分辨本领

$$\delta y' = l\delta\theta' = 1.22 \frac{\lambda l}{n'D} \qquad (3.6)$$

将式（3.6）代入物镜所满足的正弦条件 $n\delta y \sin u = n'\delta y' \sin u'$，并利用傍轴近似几何关系 $\sin u' \approx \dfrac{D/2}{l}$，可得物方最小分辨距离

$$\delta y = \frac{0.61\lambda}{n \sin u} \qquad (3.7)$$

式中，$n \sin u$ 称为显微镜物镜的数值孔径，通常记为 $N.A.$。可见，要提高显微镜的分辨本领，一方面可以增大数值孔径，如减小物镜焦距或在物空间浸以高折射率的液体油，后者称为油浸物镜，但这种方法对增大 $N.A.$ 的作用有限；另一方面可采用短波长光束，如电子显微镜，利用电子的波动性，当加速电压为几十万伏时电子波长数量级为 10^{-3} nm，比可见光波长小 10^4 倍，其分辨本领可比普通显微镜提高越 10^4 倍。

3.1.4　阿贝成像原理

1873 年，德国物理学家阿贝（E. Abbe）在研究如何提高显微分辨本领时发现，在相干平行光照明条件下，物镜对物的成像分为两个步骤：第一步是物光在成像透镜的后焦面上先形成特殊的衍射光分布，第二步则是衍射光分布继续向前传播，自然地复合成物体的像。两步成像的理论被后人称为阿贝成像原理。

为了好理解阿贝成像原理，先来分析几何光学成像过程中光线的"分解"与"合成"现象。如图 3.12 所示，在平行光照明条件下，如果物面上的点 O、O_A、O_B…分别在像面上 O、O_A、O_B…成像，按照几何光学的成像原理作图可以发现，来自所有不同物点的同向光线形成的 1 束平行光会聚在透镜后焦面上一点，如 P_0、$P_{\pm 1}$、$P_{\pm 2}$…。显然，光波会聚点的光振幅是所有同向光线的振幅之和，其位置坐标取决于会聚于此的平行光束的方向。由于所有的平行光束都是由物体衍射产生的，这些平行光束的方向和强度信息必定与衍射物本身的基本结构成分相关联。可见，阿贝成像原理的第一个步骤实际上是将衍射物的结构进行分解，并将分解出来的各种基本成分分别呈现在透镜后焦面上的不同坐标处。透镜后焦面上每个点发出的子波都对应于衍射物本身结构的一个基本成分，这些子波的波前在像面上叠加，将透镜后焦面分解呈现的信息再综合在一起，合成衍射物的像，就完成了阿贝成像原理的第二个步骤。

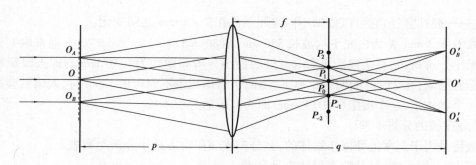

图 3.12 几何成像光路中光线的"分解"与"合成"现象

3.1.5 透镜的特性

透镜是显微镜最重要的光学部件,简式显微镜就是一个被放置在物体和眼球之间的透镜。用透镜可以形成物体的像,然而,即使是最清洁的球面形状的透镜也不能形成物体完美的像,这是因为透镜会产生像差和色差等缺陷,这些缺陷对于显微镜像的影响,以及如何矫正这种缺陷,在显微镜中是非常重要的问题。

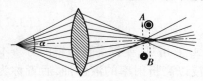

图 3.13 球面差示意图

当物体是一个发射单色光的明亮小点时,在 A 平面上形成一个具有黑暗边缘的亮点,在 B 平面上形成一个具有黑暗中心的亮环,α 为透镜的孔径角

1)透镜的球面差和场曲率

对光学显微镜来说在各种不同的单色像差中最主要的是球面差和场曲率。在单一透镜中,球面差的出现是因为透镜各个部位的厚薄不一致,折射率不相同。如图 3.13 所示,光线通过球面透镜时,通过透镜边沿的光线比起通过透镜的中轴线的光线具有明显不同的焦点。因此一个发射单色光物点的像就不能完全聚焦于一个平面上,在不同平面上所形成的像是不太清晰的,这种现象就称为球面差。由于这种球面差随着离光轴的距离愈远而愈强,因此随着透镜孔径角的增大球面差增大。当一个与透镜光轴垂直的物体通过透镜成像时,像的最好的聚焦面不是平面而是曲面,这种现象称为场曲率或像场弯曲。场曲率也是随着透镜孔径角的增大而增大,但是它能够独立于球面差而被矫正。

除了球面差和场曲率之外,还有彗形像差、像散和像场歪曲等单色像差,不过它们对于光学显微镜像的影响不像球面差和场曲率那样大。

2)透镜的色差

只发生在多色光照明的情况下,由于透镜对于不同波长的光具有不同的折射率,一束多色光穿过透镜时,波长较短的光在更接近于透镜的地方聚焦,在透镜表面的各个点上会出现光的色散现象(图 3.14)。由于色散,发射"白光"的点的像不是一个"白色"像点,而是一个沿着光轴方向散开的光谱,光谱中的紫色区域点(V)最接近透镜,而红色区域点(R)离透镜最远,绿色的光点会落在 V-R 中间的位置。色散的程度(V 与 R 距离的大小)取决于具有一定焦距的透镜物质的物理性质,这种沿着光轴所产生的色差称为纵向(或轴向)色差,由于存在轴向色差,因而使用白光照射会出现彩色的像。同样,由于存在色散现象,不同波长的光的放大倍数是不一样的,每种波长的光将形成一个物体的一系列大小不同的像,这种色差称为横向(或垂轴)色差,因此横向色差也称为放大率色差。图 3.15 给出了纵向色差和横向色差示意图,纵向和横向这两种色差都会严重地损害像的质量。

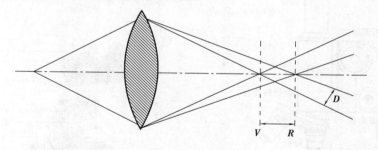

图 3.14　透镜的色差

当光通过透镜形成物体的像时,色差、球面差以及其他像差将在不同的程度上使像歪曲,因此在显微镜中使用大孔径的透镜时,其先决条件是透镜的像差和色差应尽可能地被消除。消除像差和色差主要是通过使用不同类型玻璃制造的并具有一定曲率的透镜进行组合来实现。

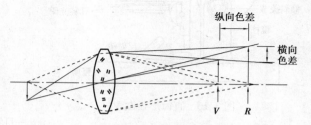

图 3.15　纵向色差和横向色差示意图

3.2　仪器结构

光学显微镜一般有两种不同类型的镜台,一种是比较简单的老式镜台:直筒镜台,这种显微镜的镜筒是直的。在 1940 年以前直筒镜台是最普遍的镜台类型,至今它仍然被用于教学和一般的观察工作,它的构造及部件名称如图 3.16 所示。另一种是比较复杂而新式的斜筒镜台,现在较为高级的研究显微镜大都采用这种镜台。如图 3.17 所示即为斜筒镜台中的双目研究显微镜的构造及其各个部件的名称,这种类型的显微镜光源安装在镜座内,镜筒通过棱镜系统向观察者倾斜,而物台呈水平位置,它的聚焦可通过移动载物台进行,因此镜筒是完全固定的,这就使得在镜筒上可以装置照相机、投影屏、光度计等各种较重的附件,大大拓宽了显微镜的用途。

不论是哪种类型镜台的光学显微镜,就其基本构造来说是大致相同的,主要由光学系统、照明系统以及机械系统组成,其中光学系统是决定光学显微镜性能优劣的最重要的部件。

3.2.1　光学系统

光学显微镜的光学系统由物镜和目镜组成,物镜和目镜分别安装在金属镜筒的下端和上端。为了方便的更换物镜,在具有 5~7 个孔洞的物镜转换台上可以旋入不同放大倍数的一组物镜,显微镜正是借助物镜和目镜的两次放大作用来观察微小物体或物体的细微结构的。

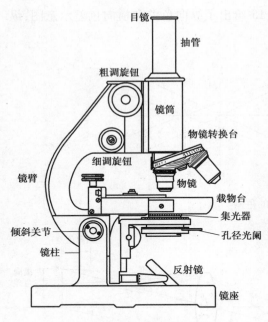

图 3.16　直筒形显微镜

图 3.17　斜筒形显微镜

1—目镜；2—镜座（镜筒座）；3—物镜转换器；4—物镜；
5—镜柱（镜臂）；6—机械移动载物台；7—粗准焦螺旋；
8—细准焦螺旋；9—左、右移动尺；10—底光源；11—底座；
12—底光源开关；13—夹片夹；14—通光孔；15—聚光镜

1）物镜

物镜的作用是将样品做第一次放大，形成样品的中间像。物镜是决定显微镜像的质量、分辨力和放大倍数的最关键的光学部件，一般由几个不同球面半径的透镜组合而成，放大倍数越高、矫正程度越高的物镜的构造越复杂。

（1）物镜的性能

各种物镜具有不同的光学性能，一般光学显微镜的物镜筒壁上都标刻着物镜的各种性能参数。现以图 3.18 所示的三个物镜为例，做简要说明。

如图 3.18 所示，物镜上刻了两行数字。第一行"/"前的"100""40""10"表示物镜的放大倍数分别为 100 倍、40 倍、10 倍；"/"后的"1.25""0.65""0.25"表示物镜的数值孔径分别为1.25、0.65、0.25，物镜的数值孔径越大，分辨本领越高；图 3.18（a）"100"前的"S"和图 3.18（c）"10"前和图 3.18（d）中的"Plan"表示物镜类别；图 3.18（a）"1.25"后的"OIL"表示物镜的浸润介质为油浸，图 3.18（b）和图 3.18（c）中的物镜没有标记类似字母表示物镜是介质为空气的干系物镜。第二行"/"前的"160"表示物镜所适用的显微镜机械筒长为 160 mm；"/"后的"0.17"表示物镜所要求的盖玻片厚度为 0.17 mm。图 3.18（d）中"∞"表示无限远筒长（物镜成像于无穷远处），"0"表示该物镜不需要盖玻片，"WD17.8"表示物镜工作距离（是指当所观察的样品最清楚时物镜的前端透镜下面到标本的盖玻片上面的距离）为 17.8 mm。

盖玻片是薄且平的透明玻璃片，通常为方形或矩形，宽约 20 mm（4/5 英寸），国际上规定，盖玻片的标准厚度为（0.17 ± 0.01）mm，放置在用显微镜观察的物体上。物体通常放置在盖

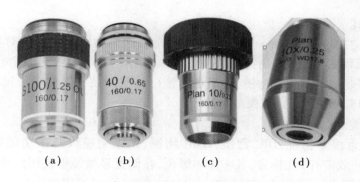

(a)　　　　　　(b)　　　　　　(c)　　　　　　(d)

图 3.18　物镜及标刻在上面的各种性能标记

玻片和较厚的显微镜载玻片之间,盖玻片的主要功能是保持固体样品平压,液体样品成形为均匀厚度的平坦层;还可以避免液体和物镜相接触,以免污染物镜,并且可以使被观察的样品最上方处于同一平面,即距离物镜距离相同,观察到的图像更清晰。

(2)物镜的分类

①按照物镜前透镜与盖玻片之间的介质分类。

物镜可以分为干燥系物镜和浸液系物镜两类。干燥系物镜是指物镜前透镜与盖玻片之间以空气($n=1$)为介质,这类物镜最为常用,物镜的放大倍数一般在 40 倍以下,数值孔径均小于 1。浸液系物镜是指物镜前透镜与盖玻片之间以液体($n>1$)为介质,这里的液体一般为水或油,若为水(蒸馏水或生理盐水)则称为水浸系物镜,一般有"W"标志,主要应用于生理学检测(如脑片等较厚样品的观察);若为油(香柏油、无荧光油、甘油或液状石蜡)则称为油浸系物镜,一般有"OIL"(或"HL""油""Y")标志,数值孔径均大于 1。

②按照像差校正程度分类。

物镜可以分为消色差物镜、复消色差物镜、半复消色差物镜、平场物镜、平场消色差物镜以及平场复消色差物镜。

消色差物镜(achromatic objective),这种物镜是用于一般观察的、最普通类型的物镜,在物镜的外壳上一般标有"ACH"字样或不标注字母,这类物镜仅能校正轴上点红蓝光的色差和黄绿光的球差,以及消除近轴点的彗形像差。但不能校正其他光的色差和球差,且场曲率很大。

复消色差物镜(apochromatic objective),通常采用特种玻璃或萤石等材料制作而成,物镜的外壳上一般标有"APO"字样,这类物镜不仅能校正红绿蓝三色光的色差,同时能校正红蓝二色光的球差,适用于高级研究镜检和显微照相。

半复消色差物镜(semi apochromatic objective),又称氟石物镜、荧光物镜,物镜的外壳上一般标有"FL"字样,是由一种光学性能不同于玻璃的矿物质——萤石(CaF_2)所制成。这类物镜在结构上透镜的数目比消色差物镜多、比复消色长物镜少,能校正红蓝二色光的色差和球差,可用于荧光观察。

平场物镜(plan objective),物镜的外壳上一般标有"PLAN"字样,这类物镜在透镜系统中增加了一块半月形的厚透镜,以达到校正场曲率的目的,平场物镜的视场平坦,适用于镜检和显微照相。

平场消色差物镜(plan achromatic objective),物镜的外壳上一般标有"A-PLAN"字样,这类物镜是在红蓝色差校正的基础上,对场曲率做了进一步校正,因此图像平直,使视野边缘与中心能同时清晰成像。

平场复消色差物镜(plan apochromatic objective),这类物镜除进一步对场曲率做了校正外,其他像差校正程度与复消色物镜相同,可使图像清晰、平坦,进一步提高成像质量。

另外,还有平场半复消色差物镜、超平场物镜(外壳标有"S PLAN")、超平场复消色差物镜(外壳标有"S PLAN APO")、消像散物镜等。

③按功能分类。

物镜可以分为相差物镜、DIC物镜、HMC物镜、偏光物镜以及多功能物镜。相差物镜(phase contrast)一般带有PH标志,且字体用绿色,在倒置显微镜上使用广泛。DIC物镜是指微分干涉差显微镜(differential interference contrast microscope)可用的物镜,一般要求是半复消色差物镜。HMC物镜是指霍夫曼调制相衬系统(hoffman modulation contrast)可用的物镜,带有HMC标志,是一种类似相差物镜的物镜,观察效果立体感较强,但不能用于荧光观察。偏光物镜是指偏光显微镜(polarizing microscope)用物镜,一般带有POL字样,这种物镜装配了克服应力设备,是专做偏光的物镜。多功能物镜一般带有U标志,可以同时做相差、DIC、荧光等,比如奥林巴斯的UPLFLN(万能平场半复消色差)物镜和蔡司的EC PLAN-NEOFLUAR(高荧光通透性物镜)系列物镜。

④特殊物镜。

特殊物镜有带校正环物镜、带虹彩光阑的物镜、无罩物镜、反射物镜、用于不可见光的物镜以及显微照相物镜等。

带校正环物镜(correction collar objective),物镜中部装有环状的调节环,当转动调节环时,可调节物镜内透镜组之间的距离,从而校正由盖玻片厚度不标准引起的覆盖差。如物镜外壳的调节环上标有数字"11~23",表明可校正盖玻片厚度为0.11~0.23 mm的误差。

带虹彩光阑的物镜(iris diaphragm objective),物镜镜筒内的上部装有虹彩光阑,外方也有可旋转的调节环,转动时可调节光阑孔径的大小。这种结构的物镜是高级的油浸物镜,常用于暗视野观察。在暗视野镜检时,往往由于某些原因而使照明光线进入物镜,使视场背景不够黑暗,造成镜检质量的下降。这时调节光阑孔径的大小,使背景变黑、被检物体更明亮,增强镜检效果。

无罩物镜(no cover objective),有些被检物体,如涂抹制片等,上面不能加用盖玻片,在镜检时应使用无罩物镜,否则图像质量将明显下降,特别是在高倍镜检时更为明显。这种物镜的外壳上常标刻"NC",同时在标记盖玻片厚度的位置上标刻着"0"。

反射物镜,又可称为反光物镜,是一种利用反射现象成像的物镜,是根据球面反光镜成像时不会产生色差的原理制造的,但是单色球面差和场曲率等缺陷仍然存在,且这种物镜的放大倍数一般较低,因此它的使用范围很有限。

用于不可见光的物镜,是指用于不可见光显微镜(紫外光显微镜和红外光显微镜)中所用物镜,一般是用石英或其他能透过不可见光的材料制造的。

显微照相物镜,这种物镜对于场曲率有较高的校正程度,在专门设计用于曝光的镜台上使用,可以用低放大倍数拍摄一个很大的物场,例如使用放大倍数为1的平面显微照相物镜时,可以拍摄物场直径达1 cm的显微照片。

2)目镜

目镜的作用是将物镜所形成的中间像进一步放大,使之便于观察,但它并不能提高显微镜的分辨力。有的目镜还可以校正物镜未能完全校正的像差。

目镜的基本结构是两个或两组透镜,这两个或两组透镜分别装在目镜筒的上部和下部,上面的即靠近眼睛的透镜称为前透镜(或目透镜),下面的透镜称为场透镜。另外在金属目镜管内还有一个决定最终视场大小的环状光阑,它正处于中间像的平面上。这样中间像平面在镜筒中的位置是固定的,而物镜和目镜的物距和像距各自可以进行调节。

目镜中的场透镜对目镜的放大并不起重要作用,实际上还稍稍缩小了中间像的大小,它能将视野边缘部分的光线向中央集中,使得不能达到眼睛的斜射光可以参与像的形成,并且增加了像的亮度。由于场透镜处在离中间像不远的地方或就在中间像平面上,这就适当地增大了目镜的视场,而且可以把中间像带入与目镜透镜相关的任何所要求的位置。另外,场透镜还可以与前透镜配合,进一步校正物镜的像差和色差,并能校正物镜所造成的扩大畸变。

(1)目镜的分类

根据构造,目镜可以分为惠更斯(Huygoens)目镜、拉姆斯登(Ramsden)目镜、补偿目镜以及广视场目镜。

①惠更斯目镜。

图 3.19 所示为惠更斯目镜的剖面图,惠更斯目镜是由两片未经过色差校正的平凸透镜(凸面向下)组成:靠近眼睛的一片称为目透镜,起放大作用;另一片称为场透镜,它的作用使像亮度均匀。在两块透镜之间的目透镜焦平面放一光阑,把显微刻度尺放在此光阑上,就能从目镜中观察到叠加在物像上的刻度。

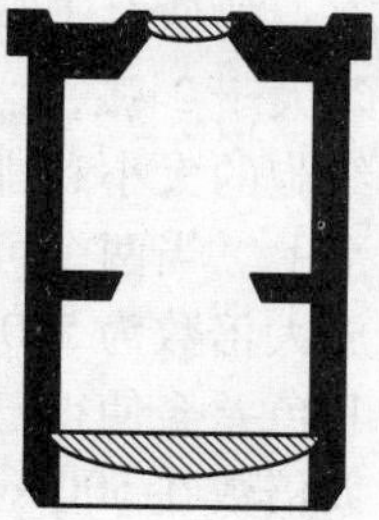

图 3.19　惠更斯
目镜的剖面图

惠更斯目镜既可用于观察,又可用于照相。当物镜所成的像在目透镜焦点之内时成放大虚像,可进行显微观察;当物镜所成的像在目透镜焦点之外时成放大的实像,可进行显微摄影。惠更斯目镜因焦点在两片透镜之间,故不能单独作为放大镜使用。这种不能单独作放大镜用的目镜叫作负型(或阴型)目镜。惠更斯目镜没有校正像差,只适合与低、中倍消色差物镜配合使用,它的放大倍数一般不超过 15倍。惠更斯目镜结构简单,价格便宜,最为常用。

②拉姆斯登目镜。

拉姆斯登目镜的前透镜和场透镜是两块凸面相对的平凸透镜,两者的焦点相同,中间像平面落在场透镜之外,可以看作单一的凸透镜,并能单独作为放大镜使用。这种可以单独当作放大镜使用的目镜称为正型(或阳型)目镜。拉姆斯登目镜对像域弯曲和畸变有较好的校正。在同样的放大倍数下,其视场比惠更斯目镜小。

③补偿目镜。

补偿目镜使用透镜组合来代替单个透镜,有意使目镜出现一种与物镜相反的像差和色差,以便使彼此正好抵消。补偿目镜是一种特制的可校正垂轴像差的目镜,分负型和正型两种,配合 $N.A. > 0.65$ 的消色差物镜、所有的复消色差物镜及平场消色差物镜使用,可以消除后者校正不足的垂轴色差,使得边沿也能得到清楚的映象,可用于高倍观察。补偿目镜端面标有"K"字样和放大倍数。

④广视场目镜。

广视场目镜又称为平场目镜或广角目镜,是一种具有较大视场的目镜,视场的直径可达23.2 mm。它配合平场物镜使用,可以扩大初次放大实像的有用面积,图 3.20 示出一种广视

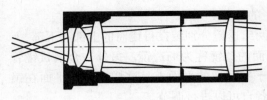

图 3.20　一种广视场目镜的剖面图

场目镜的剖面图。

（2）目镜的眼点

如果在目镜的上面放置一块荧光透明物质或场玻璃，就可以看到从显微镜目镜中射出的光束呈陀螺形。在目镜上面所出现的光线交叉点被称为眼点，有时也称为出瞳。眼点的横切面呈圆盘状，在光学上眼点是显微镜所形成的物镜孔径的像，其直径（通常为 $1 \sim 1.5$ mm）与物镜的有效数值孔径成正比，与显微镜的总放大倍数成反比。由于眼点是眼睛的瞳孔为了接受来自目镜光束的所有光线所处的位置，因此眼点的高度在实践中非常重要。一般类型的目镜在 10 mm 左右，但是这对于戴眼镜的观察者来说是不够的，因此已经设计出了一种具有超高眼点的特殊目镜，称为高眼点目镜（眼点高度可达 16 mm），在这种目镜上标有"眼镜"图样。

（3）目镜和物镜的有效组合

要分辨一个物体的结构（如两个点）只使用一个具有合适数值孔径的物镜是不够的，这两个点的像对于眼睛必须提供一个足够大的角度，在具有良好照明和反差的情况下，这个角度必须大于 2′ 弧，大约相当于相距 0.15 mm 的两个点，这个限定的角是建立在视网膜上视觉感觉细胞的大小和排列距离的基础上，为此物镜和目镜的总放大倍数必须保持在 $250 \times N.A.$ 的水平上。当两个可分辨的点在 4′ 弧的角度下被观察时，就可以达到分辨的最佳调节，这时的总放大倍数为 $500 \times N.A.$。当物镜和目镜的总放大倍数超过 $1\,000 \times N.A.$ 时，由于透镜的像差和色差会使得已经形成的像变得越来越模糊，这个现象称为空放大。因此，物镜和目镜的总放大倍数在 $500 \times N.A. \sim 1\,000 \times N.A.$ 范围内时被称为有效放大倍数。

另外，对于一定放大倍数下物镜和目镜组合的选择还应考虑场深的影响，场深是指在显微镜中形成一个清晰像的物体层厚度。场深在显微镜中是十分重要的，场深不宜太小。

3.2.2　照明系统

光学显微镜的照明系统是显微镜中除了物镜和目镜之外的另一个光学系统，是显微镜像的形成者，对于像的质量和分辨力的高低有着密切的关系。照明系统由照明器和集光器组成。

1）照明器

比较简单的显微镜是通过反光镜借助于日光照明的（图 3.16），而现代显微镜大都使用灯光照明，把显微镜灯直接组装在镜座内部，或者把装有显微镜灯的灯室连接在镜座上（图3.17）。在现代显微镜中，特别是在研究显微镜、摄影显微镜以及特种显微镜中，多采用人工光源即灯光照明。灯光照明光线均匀、亮度稳定，所有的条件都可以有效地控制，并且这种光源可以在物体上成像，减小散射，有效地提高像的反差。在现代光学显微镜中经常使用的有卤素灯、金属卤化物灯、荧光灯、低压钨灯、高压汞灯、高压氙灯以及激光。

2）集光器

集光器是一个装在载物台下可以沿着光轴方向垂直移动的透镜系统，它的主要作用是把照明光线聚集在被观察的物体上，在集光器上装有孔径光阑，它对于像的质量和分辨力的大小有着重要的作用，不同类型的特殊显微镜有着不同类型的集光器。

3.2.3　机械系统

机械系统主要包括镜台、镜筒、物镜转换台、载物台以及粗调和细调系统，它不仅对光学系统起着固定和保护作用,而且起着重要的调节作用。

1)镜台

镜台是显微镜的主体部分,如图 3.16 与图 3.17 所示,镜台包括镜座和镜柱。

2)镜筒

比较老式的镜台中显微镜镜筒是物镜和目镜之间的连接部分,镜筒具有一个精确的长度,被称为机械筒长,是指从物镜的肩部到目镜上缘的长度。现代的显微镜台中,已经不再把物镜转换台、镜台和镜筒固定地连接起来,物镜转换台和镜筒都是可以更换的。

镜筒有单目镜筒、观察双面镜筒、照相双目镜筒、可变镜筒以及讨论目镜筒等。其中,单目镜筒只有一个向前倾斜 45°的目镜镜筒,主要用于简单的教学,这种镜筒只能允许用一只眼睛观察,很容易使眼睛疲劳,因而使用不太方便。观察双面镜筒是一种向前倾斜 30°的有两个目镜的镜筒,它通过一个棱镜系统把光平分到两个目镜中,由于这种镜筒可以同时用双眼观察,观察具有更好的观察效果,但只能用于观察。照相双目镜筒上有一对向前倾斜 30°的目镜和一个直立的照相镜筒,照相镜筒上可以安装各种类型的显微照相机,它通过分光棱镜可以把少部分的光(一般为 20% ~ 30%)送入目镜用于观察,把大部分的光送入照相镜筒用于照相。可变镜筒是一种安装在镜台和镜筒之间的特殊装置,允许镜筒因数在一定范围内连续变化,可以使像在整个可变焦范围内始终保持清晰,这种镜筒专门用于显微照相和显微电影摄影。讨论目镜筒通过分光棱镜把形成像的光束均等的分到两个相对排列的双目镜筒中去,可供两个人同时进行观察和讨论的特殊镜筒。

3)物镜转换台

物镜转换台是安装并更换物镜的装置,它是一个旋转圆盘,圆盘上有 3 ~ 5 个孔,分别装有低倍和高倍物镜镜头,转动物镜转换器就可让不同倍率的物镜进入工作光路。

4)载物台

载物台是放置和固定被观察样品的台面,它的表面可以以很高的精密度在与光轴垂直的方向移动和调节。在现代显微镜中物像的聚焦是通过用粗调和细调旋钮垂直调节载物台而实现的,而镜筒总是保持在固定的位置上。在中、小型的镜台中载物台是固定的,在大型镜台中载物台可以更换。常用的载物台有长方形载物台、机械载物台、圆形载物台以及旋转载物台。

长方形载物台是一种最简单的载物台,样品是用台夹固定的,并且用手移动和调节,常用于简单的教学显微镜。

机械载物台是一种可以移动的长方形大型载物台,载物台上装有可以在水平位置上以前后和左右方向自由移动的机械移动器。通过载物台的调节旋钮可以在两个方向上移动样品,不仅能够对所观察样品的某种结构进行精确定位,以便于再次观察或照相时容易找到;而且还可用于聚焦平面上对样品进行较大距离的测量。

圆形载物台台面呈圆形,样品可以用片夹固定在载物台上,观察时用手移动样品。在这种较复杂的载物台上装有两个操纵螺旋杆,用它可以随意移动样品。另外,这种载物台还可以安装机械移动器,以移动样品或记录样品的位置。

旋转载物台也是一种圆盘形载物台,由上下两片圆盘组成,上面的一片可以围绕着光轴在水平面上自由(360°)旋转,这种载物台的旋转轴和光轴重合,可以用于物镜转换台中物镜的调整,这种载物台在偏振光显微镜中有特殊的用途。

5）粗调和细调系统

在现代显微镜中像的聚焦是通过上下移动载物台而实现的,镜台和镜筒的位置固定不变,载物台的上下移动通过精密的粗调和细调机械系统来完成。

3.3 试样制备

3.3.1 金相试样的制备

显微分析是研究金属内部组织的最重要的方法,光学显微镜对金相试样的要求是光洁平整,因此在进行观察前,要对试样表面进行加工,通常采用磨光和抛光的方法以得到一个光洁的镜面。另外,这个表面还必须能完全代表取样前所具有的状态,也就是说,不能在制样过程中使表层发生任何组织变化。对于金相试样,仅有光滑的平面在显微镜下只能看到白亮的一片,而看不到其组织细节,这是由于大多数金属组织中不同的金相对于光具有相近的反射能力的缘故。为此必须用一定的试剂对试样表面进行腐蚀,使试样表面有选择性地溶解掉某些部分(如晶界),从而呈现微小的凹凸不平,这些凹凸不平在光学系统的景深范围内,这时用显微镜就可以看清楚试样组织的形貌、大小和分布。总之,金相试样的制备包括取样、镶样、磨光、抛光以及腐蚀等几个主要工序。

1）取样

取样部位及检验面的选择取决于被分析材料或零件的特点、加工工艺过程及热处理过程,应选择有代表性的部位。取样时,应该保证不使被观察的截面由于截取而产生组织变化。因此对不同的材料要采用不同的截取方法:对于软材料,可以用锯、车、刨等加工方法;对于硬材料,可以用砂轮切片机切割或电火花切割等方法;对于硬而脆的材料,如白口铸铁,可以用锤击方法;在大工件上取样,可用氧气切割等方法;在用砂轮切割或电火花切割时,应采取冷却措施,以减少由于受热而引起的试样组织变化。试样上由于截取而引起的变形层或烧损层必须在后续工序中去掉。

金相试样的大小以便于握持、易于磨制为准,通常显微试样为直径 6 ~ 25 mm、高 16 ~ 20 mm 的圆柱体或边长为 16 ~ 25 mm 的立方体。

2）镶样

一般情况下,如果试样大小合适,则不需要镶样,但试样尺寸过小或形状极不规则者,如带、丝、片、管,制备试样十分困难,就必须把试样镶嵌起来。

目前一般多采用塑料镶嵌。镶嵌材料有热凝性塑料(如胶木粉)、热塑性塑料(如聚氯乙烯)、冷凝性塑料(环氧树脂加固化剂)等,这些材料都各有其特点。胶木粉不透明,有各种颜色,而且比较硬,试样不易倒角,抗强酸强碱的耐腐蚀性能比较差。聚氯乙烯为半透明或透明的,抗酸碱的耐腐蚀性能好,但较软。用这两种材料镶样均需用专门的镶样机,对加热温度和压力都有一定要求,并会引起淬火马氏体回火、软金属发生塑性变形。用环氧树脂镶样,浇注后可在室温下固化,因而不会引起试样组织发生变化,但这种材料比较软。

环氧树脂、牙托粉镶嵌法对粉末金属、多孔性陶瓷试样特别适用。电解制样时,可加入铜粉等金属填料以产生导电性,还可加入耐磨填料如 Al_2O_3 等来增加硬度及耐磨性,保持试样的边缘,填料一般在制样前加入压镶塑料中去。

此外还可以采用机械镶嵌法,即用夹具夹持试样,适用于外形比较规则的样品,比如圆柱体、薄板等。

3)磨光

磨光通常是在砂纸上进行的。金相试样的磨光除了要尽快使表面光滑平整外,更重要的是应尽可能减少表层损伤。每一道磨光工序必须除去前一道工序造成的变形层,而不是仅仅把前一道工序的磨痕除去,最后一道磨光工序产生的变形层深度应非常浅,保证能在下一道抛光工序中除去。图3.21为试样经切割加工及四道磨光工序后,表面变形层厚度变化示意图,图中 A、B、C 均为变形层,越往里,变形量越小,D 为未受损伤的组织。手工磨光时,本道工序的磨痕应与上一道工序的磨痕方向垂直,这样可以使试样磨面保持平整并平行于原来的磨面。磨光时施加的压力越大,磨光速率(单位时间除去的样品质量)也越大,但对变形层的深度却影响不大,所以在磨光时可以适当加大压力。

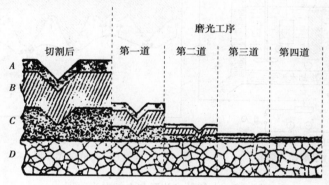

图 3.21 试样经切割及磨光后,变形层厚度变化示意图

普通的金相砂纸所用的磨料有碳化硅和天然刚玉两种。碳化硅砂纸最适用于金相试样的磨光,其优点是:磨光速率较高,变形层较浅,可以用水作润滑剂进行手工湿磨和机械湿磨。碳化硅砂纸的粒度大到一定尺寸后,磨光速率相差不多,但变形层深度却随着磨粒尺寸的增大而增加。因此,开始磨光时所用的砂纸,不一定越粗越好。通常使用粒度为240、320、400及600的四种砂纸,进行磨光后即可进行抛光。对于较软的金属,应用更细的砂纸磨光后再抛光。天然刚玉砂纸所用的磨料黏结剂溶于水,因此,一般只用于干磨,或用不含水的润滑剂,这种砂纸现在已较少使用。

4)抛光

抛光操作的关键是要设法得到最大的抛光速率,以便尽快除去磨光时产生的损伤层,同时要使抛光产生的变形层不致影响最终观察到的显微组织。通常有三种抛光的方法,即机械抛光、电解抛光和化学抛光。

(1)机械抛光

机械抛光与磨光的机制基本相同,即嵌在抛光织物纤维上的每颗磨粒都可以看成是一把刨刀,由于磨粒只能以弹性力与试样作用,它所产生的切屑、划痕及变形层都要比磨光时细小得多。机械抛光通常分为两个阶段来进行。首先是粗抛,目的是除去磨光的变形层,这一阶段应具有最大的抛光速率;其次是精抛,其目的是除去粗抛产生的变形层,使抛光损伤减到最小。

（2）电解抛光

机械抛光时，试样表面会产生变形层，影响金相组织显示的真实性，电解抛光可以避免上述问题。因为电解抛光系纯电化学的溶解过程，没有机械力的作用，不引起金属的表面变形。但是电解抛光对于材料化学成分的不均匀性、显微偏析特别敏感，非金属夹杂物处会被强烈地腐蚀，因此电解抛光不适用于偏析严重的金属材料及制作夹杂物检验的金相试样。

电解抛光的装置如图3.22（a）所示，试样接阳极，不锈钢板作阴极，放入电解液中，接通电源后，阳极发生溶解，金属离子进入溶液中。电解抛光的原理可以用薄膜假说的理论来解释，如图3.22（b）所示。电解抛光时，在原来高低不平的试样表面上形成一层具有较高电阻的薄膜，试样凸起部分的膜比凹下部分薄，膜越薄电阻越小，电流密度越大，金属溶解速度越快，从而使凸起部分渐趋平坦，最后试样表面趋于光滑平整。

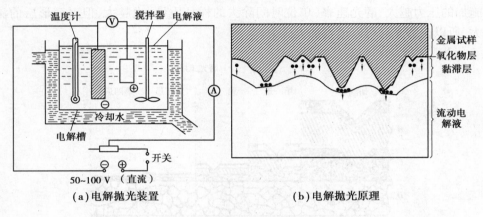

（a）电解抛光装置　　　　　　　　　　（b）电解抛光原理

图3.22　电解抛光装置与电解抛光原理

（3）化学抛光

化学抛光是靠化学溶解作用得到光滑的抛光表面，化学抛光的原理与电解抛光类似，是化学药剂对试样表面不均匀溶解的结果。在溶解的过程中表层也产生一层氧化膜，但化学抛光对试样原来凸起部分的溶解速度比电解抛光慢，因此经化学抛光后的磨面较光滑但不十分平整，有波浪起伏。这种起伏一般在物镜的垂直鉴别能力之内，适于用显微镜做低倍和中倍观察。

化学抛光是将试样浸在化学抛光液中，进行适当的搅动或用棉花经常擦拭，经过一定时间后，就可以得到光亮的表面。化学抛光兼有化学腐蚀的作用，能显示金相组织，抛光后可直接在显微镜下观察。化学抛光液的成分随抛光材料的不同而不同。一般为混合酸溶液，常用的酸类有：正磷酸、铬酸、硫酸、醋酸、硝酸及氢氟酸，为了增加金属表面的活性以利于化学抛光的进行，还可加入一定量的过氧化氢。化学抛光液经使用后，溶液内金属离子增多，抛光作用减弱，需经常更换新溶液。

5）腐蚀

试样抛光后（化学抛光除外），在显微镜下，只能看到光亮的磨面及夹杂物等。要对试样的组织进行显微分析，还需让试样经过腐蚀。常用的腐蚀方法有化学腐蚀法和电解腐蚀法。

（1）化学腐蚀

化学腐蚀是将抛光好的试样磨面在化学腐蚀剂中腐蚀一定时间，从而显示出试样的组织。

　　纯金属及单相合金的腐蚀是一个化学溶解的过程。如图
3.23 所示,由于晶界上原子排列不规则,具有较高的自由能,所
以晶界易受腐蚀而呈凹沟,使组织显示出来,在显微镜下可以
看到多边形的晶粒。若腐蚀较深,则由于各晶粒位向不同,不
同的晶面溶解速率不同,腐蚀后的显微平面与原磨面的角度不
同。在垂直光线照射下,反射进入物镜的光线不同,可看到明
暗不同的晶粒。

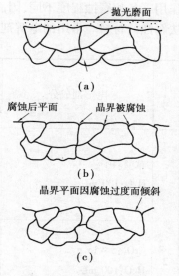

图 3.23　纯金属及单相
合金化学腐蚀情况示意图

　　两相合金的腐蚀主要是一个电化学的溶解过程。两个组
成相具有不同的电极电位,在腐蚀剂中,形成极多微小的局部
电池。具有较高负电位的一相成为阳极,被溶入电解液中而逐
渐凹下去;具有较高正电位的另一相为阴极,保持原来的平面
高度。因而在显微镜下可清楚地显示出合金的两相,图 3.24
为超级双相不锈钢 SAF2906 侵蚀后的显微组织。

　　多相合金的腐蚀,主要也是一个电化学的溶解过程。在腐
蚀过程中腐蚀剂对各个相有不同程度的溶解。必须选用合适
的腐蚀剂,如果一种腐蚀剂不能将全部组织显示出来,就应采
取两种或更多种的腐蚀剂依次腐蚀,使之逐渐显示出各相组织,这种方法也叫选择腐蚀法。另
一种方法是薄膜染色法,此法是利用腐蚀剂与磨面上各相发生化学反应,形成一层厚薄不均的
膜(或反应沉淀物),在白光的照射下,由于光的干涉使各相呈现不同的色彩,从而达到辨认各
相的目的。

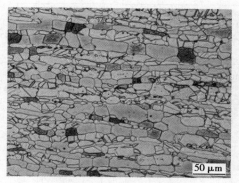

图 3.24　超级双相不锈钢 SAF2906 用盐酸-硝酸
(3∶1)混合溶液侵蚀后的显微组织

　　化学腐蚀的方法是显示金相组织最常用的方法。其操作方法是:将已抛光好的试样用水
冲洗干净或用酒精擦掉表面残留的脏物,然后将试样磨面浸入腐蚀剂中或用竹夹子夹住棉花
球蘸取腐蚀剂在试样磨面上擦拭,抛光的磨面逐渐失去光泽;待试样腐蚀合适后马上用水冲洗
干净,用滤纸吸干或用吹风机吹干试样抛光磨面,即可放在显微镜下观察。

　　(2)电解腐蚀

　　电解腐蚀所用的设备与电解抛光相同,只是工作电压和工作电流比电解抛光时小。这时
在试样磨面上一般不形成一层薄膜,由于各相之间和晶粒与晶界之间电位不同,在微弱电流的

作用下各相腐蚀程度不同,因而显示出组织。电解腐蚀适用于抗腐蚀性能强、难于用化学腐蚀法腐蚀的材料。常用的电解剂见表 3.1 和表 3.2。

表 3.1　耐热钢及不锈钢的电解剂

序号	电解剂成分	电解腐蚀规范				用途说明
		温度 /℃	电流密度 /(A·cm⁻²)	腐蚀时间 /s	阴极材料	
1	草酸:10 g H₂O:100 mL	—	0.1 ~ 0.3	40 ~ 60(淬火钢) 5 ~ 20(退火、回火钢)	铂	清晰显示晶界及相界面,区别碳化物及 σ 相。若腐蚀时间超过 5 s,碳化物先发黑,接着 σ 相也变黑
2	CrO₃:5 ~ 15 g H₂O:100 mL	—	0.1 ~ 0.2	10 ~ 90	铂或不锈钢	适用于奥氏体及奥氏体—铁素体类钢。奥氏体容易被腐蚀,铁素体次之,不显示晶界
2a	CrO₃:10 g H₂O:90 mL	30 ~ 40	0.1 ~ 0.3	30 ~ 300	铂或不锈钢	显示奥氏体钢焊道熔化金属的组织、晶界及相界面
3	HNO₃(比重为 1.42)	—	0.1 ~ 0.2	10 ~ 60	不锈钢	显示淬火后的晶界及相界面
4	HCl(比重为 1.19):10 mL 酒精:90 mL	—	0.05 ~ 0.2	15 ~ 130	不锈钢	适用于铁素体及马氏体类不锈钢,也能用于铸造合金组织的显示
5	H₂SO₄(比重为 1.84):5 mL H₂O:95 mL	—	0.05 ~ 0.2	5 ~ 15	不锈钢	同上
6	KMnO₄:4 g NaOH:4 g H₂O:100 mL	—	0.2 ~ 0.5	5 ~ 20	铂	细小碳化物及铁素体呈暗蓝色,σ 相呈红色,而大块碳化物呈鲜艳的橘黄色乃至红色。若大大减小电流密度,腐蚀 10 ~ 12 s 后奥氏体呈褐色,而 σ 相未被染色
7	NaCN:10 g H₂O:90 mL	—	0.05 ~ 0.15	>300	不锈钢	先腐蚀碳化物,然后是 σ 相,根据腐蚀的先后可以分辨各相
8	柠檬酸:45 g KI:30 g HCl(比重为 1.19):5 mL H₂O:90 mL	—	0.15 ~ 0.3	10 ~ 20	铂	有 σ 相存在时,奥氏体溶解极快,能区别 σ 相、碳化物及铁素体

续表

序号	电解剂成分	电解腐蚀规范				用途说明
		温度/℃	电流密度/(A·cm⁻²)	腐蚀时间/s	阴极材料	
9	NH_4OH、KOH 或者 NaOH 的水溶液(0.1~1M/L)	—	0.15~0.3	1~180	铂	各相间显示的清晰程度与腐蚀液的浓度及腐蚀时间有关。在浓溶液中,σ 相比碳化物更易染色,但在稀溶液中却相反。σ 相被染成淡黄色、青色乃至褐色,碳化物呈淡黄色至淡蓝色
10	$Pb(CH_3COO)_2$:10 g H_2O:90 mL	—	0.05~0.2	1~2	铂	奥氏体钢的不同组织,均被染成鲜艳的色彩。σ 相呈暗蓝色,碳化物呈金黄色,基体呈明亮的淡蓝色

表 3.2 钢及铸铁的电解剂

序号	电解剂成分	适用范围	电解腐蚀规范	
			电流密度/(A·cm⁻²)	腐蚀时间/s
1	CrO_3:10 g H_2O:90 mL	高合金钢	0.1~0.2	30~60
		高锰钢 Mn13	0.2~0.3	30~70
		高速钢	0.1~0.3	120~140
		加锰铸铁	0.1~0.2	30~60
2	$FeSO_4$:3 g $Fe_2(SO_4)_3$:0.1 g H_2O:100 mL	中碳钢及低合金钢	0.1~0.2	10~40
		高合金钢	0.1~0.2	30~60
		加锰铸铁	0.1~0.2	30~60
3	HCl(比重为 1.19):10 mL H_2O:90 mL	中合金钢	0.1~0.25	10~30
		高锰钢 Mn13	0.05~0.1	10~20
		高速钢	0.05~0.1	10~20
		加锰铸铁	0.1~0.2	5~10
		加硅铸铁	0.1~0.2	20~40
4	草酸:10 g H_2O:90 mL	高速钢	0.1~0.2	100~110

续表

序号	电解剂成分	适用范围	电解腐蚀规范	
			电流密度/（A·cm^{-2}）	腐蚀时间/s
5	赤血盐:10 g H$_2$O:90 mL	高速钢	0.2～0.3	40～80
6	HNO$_3$（比重为1.42）:10 mL H$_2$O:100 mL	中碳钢及低合金钢	—	—

3.3.2 高分子试样的制备

高分子材料的品种繁多,成品形状各异,化学和物理性质有很大差别(如有的硬,有的软,有的易熔,有的不熔等),因此对于高分子材料应该有多种多样的制样技术。

1)热压制膜

热塑性高分子的薄膜显微样品可用此法来制备。把少许聚合物放在载玻片上,盖上盖玻片,整个放置于热台上加热至聚合物可以流动(加热至聚合物实测的熔点或软化温度以上30 ℃左右),用事先预热的砝码或用镊子轻轻施压使熔体展开成膜,然后冷却至室温。

2)溶液浇注制膜

用适当的溶剂将试样溶解,将干净的玻片插入溶液后迅速取出,或滴数滴溶液于玻片上,干燥后即得薄膜。干燥方法可以是在空气中自然干燥,或在干燥器中利用干燥剂或真空干燥。但为了减少表面张力效应产生的内应力而导致的形变和结构变化,应先放在有溶剂蒸气的密闭容器中缓慢均匀地干燥,最后再置于真空中彻底除去剩余溶剂。此法制备的薄膜厚度由溶液浓度控制。

3)切片

切片首先要选用适当的切片机,比如对韧性的高分子或大面积切片应使用滑板型切片机,对较易切的高分子用旋转型切片机即可。

4)打磨

大多数热固性和高填充的高分子材料都不能用前述方法制样,必须采用金属学和矿物学中经典的制样方法即打磨,成功的打磨技术可以得到 15 μm 甚至更薄的样片。较硬的高分子材料可用金刚砂打磨,软的可用 Al$_2$O$_3$ 或 Fe$_2$O$_3$ 制成砂轮或砂布打磨。首先将一个面打磨出来,然后用 502 胶将这个面粘到载玻片上。如果遇到样品有空洞,必须先用环氧树脂填上。如果复合材料含有软的组分,最好冷冻后打磨以免软的部分变形。

5)复型

复型是用某种成型材料将高分子材料的表面结构复制下来的表面"地理"复制品,用作复型的材料有甲基纤维素或明胶的水溶液,或聚苯乙烯的苯溶液,浓度一般为 1%～5%(质量或体积),在溶液中可加少量洗涤剂以浸润聚合物表面。用此溶液在聚合物表面轻轻刷上一薄层,令溶剂挥发后留下一层薄膜即为复型,用镊子揭下这层膜。如剥离有困难,可事先在附近贴上一段透明胶纸,溶剂挥发后用这段胶纸可帮助揭膜。

6）崩裂

崩裂是指将较薄的样品放在超声波浴中,用超声波振荡样品 10～60 min,超声波浴介质常选择水或水-乙醇混合溶液。这种方法适用于结构中有力学薄弱点的高分子材料,力学薄弱点常位于两种微观结构的交接处,在未处理前用显微镜观察不到薄弱点,但振荡处理后崩裂发生在这些薄弱环节,从而突出了微观结构单元的细节。需要注意的是,采用崩裂法观察到的微结构位置已经移动,它们在原样品中的位置难以确定。

7）取向膜

吹塑、挤出、注塑等成型高分子材料已有一定取向,通过切片等方法可以进行研究。取向膜指的是在制样过程中刻意使样品发生取向,用以观察结晶或液晶的取向态结构。熔融剪切取向是常用的方法,将样品在两片玻片间熔融压制成膜,固定下玻片,向一个方向推压上玻片从而对熔体进行剪切,然后迅速冷却,冻结取向结构;也可以用旋转的方法得到特定的取向态结构。

3.3.3 矿物试样的制备

矿物试样有光片试样和薄片试样两种,适用于用偏光显微镜来研究矿物晶体的光学性质。制片的主要设备有切片机(用于切割大块试样)、磨片机(用于粗磨、细磨)、抛光机(用于抛光)、真空恒温烘箱(用于试样烘干、固化),除此之外制样还应备有电炉、玻璃刀、光片模等。

1）薄片的制备

薄片的制备分为切片、浸渗、平面处理、粘片、粘片后的磨薄以及盖片等几个步骤。

（1）切片

从天然岩石或工艺岩石中,用切片机切割下岩石块,切割时要确保原样的显微结构或存在的缺陷不受影响。在切割过程中,由于试样摩擦切片机的片基,因此要不断用水冷却。若岩石中具有水硬性矿物,则需用 85% 工业酒精冷却。切割完毕后,试样和切片机都要进行清洗,目的是不留矿物碎屑。

（2）浸渗

凡天然岩石或工艺岩石具疏松、多孔结构者,为了确保在研磨过程中不受损伤,必须用具有较高强度的浸渗剂进行真空浸渗、固化以提高其强度。

常用的固化剂为环氧树脂固化剂,其中固化物质选用的是邻苯二甲酸酐。环氧树脂本身无胶结力,但加固化剂后具有胶结力。配制方法为:100 g 环氧树脂,邻苯二甲酸酐的加入量

$$D = K \times 环氧值 \times M \tag{3.8}$$

式中,K——系数,对邻苯二甲酸酐而言 $K = 0.6$;

    环氧值——不同牌号环氧树脂各异;

    M——邻苯二甲酸酐的分子量。如对 100 g 牌号 618 环氧树脂的环氧值为 $D = K \times 环氧$

        值 $\times M = 40$ g。

浸渗的步骤如下:

①混合环氧树脂和邻苯二甲酸酐,放入恒温电炉中,升温至 140 ℃,互溶如茶水状;

②倒茶水状浸渗剂于纸盒中,纸盒大小根据试样叠制;

③放切割的试样于倒有浸渗剂的纸盒中;

④置装有试样的纸盒于真空恒温烘箱中,先抽真空后升温到 150 ℃。在 150 ℃ 下恒温

3 h,冷却即可。

浸渗这一步骤并非所有试样在制片过程中均需进行,只是疏松、多种矿物硬度不一或多孔的试样需进行浸渗这一步骤。

（3）平面处理

所谓平面处理是指试样经切片机切割后,粘在载玻片上的一面磨平,须经粗磨、细磨和精磨三个阶段。

①粗磨:在磨片机上用120#、150#金刚砂进行研磨,称为粗磨。粗磨的目的是为了很快地磨出一个较平的面。在操作过程中,每当换砂时,磨片机、试样和手都要清洗,做到不残留磨料。若岩石中具有水硬性矿物,则需用体积分数85%的工业酒精清洗。

②细磨:在磨片机上用500#、600#和M28金刚砂,把粗磨过的平面,再进行研磨的过程称为细磨。在换砂时,磨片机、手和试样也均需清洗。

③精磨:在玻璃板上,用301#、302#白泥浆,按"8"字形进行人工研磨。换磨料时也要彻底清洗。

（4）粘片

粘片是试样制作过程中的关键步骤,是指把试样磨平的一面粘在载玻片上。黏结剂最常用的是加拿大树胶、冷杉胶、环氧树脂固化剂等。环氧树脂固化剂黏结时也需有浸渗的过程。在用加拿大树胶、冷杉胶的粘片过程中难以掌握的是烤胶的火候,若烘烤过老,则胶性变脆、易脱胶;若太嫩,则易滑动,烤得恰到好处,则需经多次实践,方可逐步掌握。

（5）粘片后的磨薄

试样粘片后,另一平面仍需磨薄和磨平,此过程也可分为粗磨、细磨和精磨。

①粗磨:在磨片机上,用120#、150#金刚砂进行研磨,磨至片厚0.1 mm,即可完成。在磨片过程中,右手握住粘有矿片的载玻片,左手用毛刷不断加水、加磨料。右手握时,大拇指、中指压在载玻片两端,食指在中间用力加压。磨制过程中用力要均匀、平稳。

②细磨:在磨片机上用500#、600#和M28金刚砂,把粗磨过的平面,磨至片厚0.04～0.06 mm的过程称为细磨。检查厚度是否达到0.04～0.06 mm的办法,是用偏光显微镜在正交偏光镜下观察石英颗粒的干涉色是否为淡黄色、黄色或橙黄色。

③精磨:在玻璃板上,用301#、302#白泥浆,按"8"字形进行人工研磨,磨至片厚0.03 mm的过程称为精磨。检查片厚的方法也是用偏光显微镜在正交偏光镜下进行观察,若石英呈白色或淡黄色干涉色;长石呈灰色干涉色;方解石呈珍珠晕时,表示其片厚已达0.03 mm。

粘片后磨薄时每换一道工序,也必须彻底清洗试样、磨片机和手。

（6）盖片

薄片磨到厚度为0.03 mm后,再在其上粘上盖玻片的工序称为盖片。盖玻片有多种规格,要选择尺寸略大于矿片的,黏结剂仍为加拿大树胶、冷杉胶等。

粘盖玻片的树胶要比粘片的树胶烘烤得软些。放上盖玻片后,要用铁镊轻轻推动盖玻片,一来便于胶散布均匀,二来排除气泡。黏结后再烘烤盖玻片周边,加速其凝固。最后用二甲苯洗净盖玻片周边。

2）光片的制备

光片制备分为切片、浸渗、浇铸成型、研磨以及抛光等几个步骤。其中切片与浸渗步骤同薄片的制备一样,因此下面仅介绍浇铸成型、研磨以及抛光三个步骤。

(1)浇铸成型

在反射偏光显微镜下观察硅酸盐水泥熟料时,常将熟料制成细粒光片进行观察。细粒光片在制作过程中,需进行浇铸成型这一步骤。浇铸的常用材料是硫磺,故称为硫磺光片。

制备硫磺光片需用光片模,光片模是一个由不锈钢制成的套筒和高度为套筒2/3的活塞构成。活塞可上、下移动,但不能有空隙。取样时应注意代表性,可根据熟料颗粒大小不同,在每一粒上取两块2~3 mm大小的细粒。放细粒在光片模的活塞上,细粒之间不可靠得太近,防止硫磺流不到细粒之间的缝隙而形成空洞。熟料放好后,将熔融的硫磺倒入模内,倒满套筒,待硫磺冷却后,将活塞向上移动,顶出光片即可。为了脱模方便,可在套筒内壁涂上一层机油。

凡结构疏松、硬度不一的矿物构成的试样,需先用环氧树脂固化剂浇铸,其方法同前。

(2)研磨

光片研磨过程也分粗磨、细磨和精磨三道工序,其操作过程和薄片制备过程中的平面处理完全相同,故不再重复。

(3)抛光

抛光是将试样上研磨产生的磨痕及变形层去掉,使其成为光滑镜面的最后工序。光片的质量是由抛光质量决定的,而抛光前磨面平整度及产生的变形层又直接影响抛光质量。

只有经过反复精磨,得到均匀的磨痕及较浅的变形层时,才能进行抛光。抛光方法有电解抛光、化学抛光和机械抛光。硅酸盐材料光片常使用的是机械抛光。

机械抛光是抛光磨料与磨面间相对机械作用使磨面变成光滑表面的过程。抛光可以用糨糊把白布粘在玻璃板上进行,但理想的是用抛光机进行抛光。常见的抛光磨料见表3.3。抛光布料在抛光过程中对于吸附和保持磨料颗粒,调整抛光强度具有重要作用。丝织品、涤纶或尼龙织品等少绒或无线布料,对硅酸盐材料的粗抛可得到较高的抛光效率。由于硅酸材料软硬相兼备,精抛可考虑在多层硬质布料上进行。

表3.3 常见的抛光磨料

材料	莫氏硬度	特点	备注
Al_2O_3(刚玉)	9	白色透明,$\alpha\text{-}Al_2O_3$ 的平均粒度为 0.3 μm,外形呈多角形;$\gamma\text{-}Al_2O_3$ 的平均粒度为 0.01 μm,呈薄片状,压碎后呈细小的立方体	常用于钢铁试样的粗抛光和精抛光
MgO	8	白色,粒度极细且均匀,外形呈八面体,锐利	较适用于铝、镁及其他非铁金属及合金试样的最终抛光,特别适用于铸铁石墨试样的抛光
Cr_2O_3	9	绿色,硬度高,比 Al_2O_3 硬度稍差	可用作钢铁试样的最终抛光
Fe_2O_3	8.5	红色,颗粒圆细无尖角,易引起变形层变厚	适用于抛光学零件
SiC(金刚砂)	9.5~9.75	绿色,颗粒较粗	可用作硬质合金、硬铬、宝石、陶瓷以及玻璃的磨光和粗抛光

续表

材料	莫氏硬度	特点	备注
金刚石粉	10	颗粒尖锐,锋利,磨削作用极佳,寿命长,变形层少	最理想的磨料,适用于各种材料的粗、精抛光

抛光操作的关键是设法得到最大的抛光速率,以便尽快除去磨光时产生的损伤层,同时也要使抛光损伤层不会影响最终观察到的组织,即不会造成假组织。这两个要求是矛盾的,解决的办法是抛光分两个阶段进行:先为粗抛,目的是除去磨光损伤层,此时,应具最大的抛光速率,粗抛本身表面损伤是次要的,但应尽量减少。其次为精抛,其目的是除去粗抛产生的表层损伤,使抛光损伤减到最低限度。

抛光时,试样磨面应均衡地压在抛光盘上,要防止试样飞出和因压力大而产生新磨痕。抛光时,还应使试样沿半径方向来回移动,以避免抛光织物局部磨损太快。抛光过程中要不断倾入抛光磨料液,使抛光织物保持一定湿度,湿度过大会减弱抛光的磨削作用;湿度过小,摩擦生热会使试样升温,润滑作用太差,磨面失去光泽。抛光完毕后,光片即可进行观察或进行腐蚀。

3)光薄片的制备

近代偏光显微镜将透射和反射两个系统组装在一起,可在不更换光学组件的条件下同时进行两个系统的观察,这就要求试样能供两系统共用。

光薄片是一种既能在透射光下观察又能在反射光下观察的两用薄片。其外形和薄片的区别在于没有盖玻片。其制备工艺大体上和薄片相同,即包括切片、浸渗、平面处理、粘片和粘片后磨薄等工序。但二者的明显区别在于光薄片在制作过程中需经二道抛光和没有盖片这一工序。所谓二道抛光是在平面处理后进行抛光,抛光完毕后再进行粘片,粘片后磨薄,磨至规定厚度后再进行表面抛光。

光薄片的制作是比较困难的,首先是粘片,对于硅酸盐材料,由于软硬兼备,加拿大树胶等往往达不到牢固黏结的目的,故常采用环氧树脂加邻苯二甲酸酐粘片,并经高温固化,以达到牢固黏附。其次由于光薄片很薄,抛光时难以抓牢,再加上试样和抛光盘之间的吸附力,易发生抛片、破碎,故常自制框形夹具以利操作。再者,对抛光磨料有严格要求,一般采用 $0.3 \sim 7.0~\mu m$ 粒径的碳化硅、碳化硼、金刚石泥膏为粗抛磨料,精抛磨料则用 $0.3~\mu m$ 级金刚石泥膏。

3.4　应用案例

张文斌等使用 1 600 倍可变光学显微镜中的 160 倍和 640 倍观察所得氧化石墨烯形态,即可观测到氧化石墨烯的形态,如图 3.25 所示。如图 3.25(a)所示,低温反应 1.5 h、高温反应为 0.5 h,石墨形态未发生根本变化,透光性能很差,几乎维持石墨原有的不透光的性质。低温反应 5 h 和 12 h 的氧化石墨烯在 160 倍光学显微镜下均有较好的透光率,但低温反应 12 h 的氧化石墨烯透光率更好,如图 3.25(b)、(c)所示。如图 3.25(d)、(e)所示低温反应 5 h 和

12 h 的氧化石墨烯在 640 倍光学显微镜下观看可以更明显看出透光性,低温反应 5 h 的氧化石墨烯存在黄色较重的区域,并且大小变化很大,相比之下,低温反应 12 h 的氧化石墨烯呈淡黄色,与周围环境相差较小,透光率更高。同时在分散液中用激光照射时,会出现胶体特有的丁达尔现象,如图 3.26 所示。

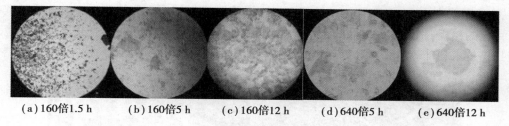

(a) 160倍1.5 h　　(b) 160倍5 h　　(c) 160倍12 h　　(d) 640倍5 h　　(e) 640倍12 h

图 3.25　光学显微镜下氧化石墨烯的形态

何子淑等采用光滑单边缺口小裂纹试样模拟了多裂纹的扩展情况,利用复型技术和光学显微镜观测了裂纹形态演化全过程。复型法是在一定循环间隔下终止循环载荷,加一静力(不大于最大试验力的 80%),使裂纹完全处于张开状态,用丙酮清洗试样表面,滴适量丙酮后再将一小而薄的醋酸纤维素薄膜(AC膜)轻轻压在试样表面,待干燥后,小心取下 AC 膜,如发现气泡和其他夹杂使复型不清晰,必须重新复型,循环间隔的确定一般应保证一个试样在试验的全过程中至少要 25 ~ 30 个复型。在显微镜下观察复型 AC 膜并测量裂纹长度,复型得到的表面小裂纹形态图如图 3.27 所示,从图中可看出表面裂纹是在晶界处萌生、扩展的,且有很多小裂纹萌生与扩展,裂纹沿着接近于与应力轴垂直的方向,试样的最终破坏是由主裂纹引起的。

图 3.26　氧化石墨烯分散液在红色激光下的丁达尔现象

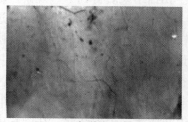

(a) 多裂纹形态

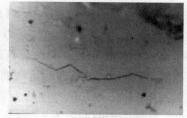

(b) 裂纹的合并

图 3.27　复型 AC 膜的光学显微图像

胡加佳等的试验样品为海洋平台用钢,他们将样品进行磨制、抛光处理,并用腐蚀溶液腐蚀,采用蔡司 Im ager M2m 光学显微镜和蔡司 LSM700 激光共聚焦显微镜分别对其进行观察并测量基体上粒状贝氏体的形态和尺寸。采用蔡司 Imager M2m 光学显微镜对其金相组织进行观察,放大至 1 000 倍,微观形貌如图 3.28(a) 所示。只能在基体上观察到黑色的粒状物质,无法观察其具体形态。粒状贝氏体的尺寸比较小,利用光学显微镜的最大放大倍数已经无法进行精确观察,也无法测量其具体尺寸。再采用蔡司 LSM700 激光共聚焦显微镜对其金相组织进行放大观察,得到的显微组织图片如图 3.28(b)所示。从图中可见,微观组织的放大倍数比普通光学显微镜有了很大的提高,粒状贝氏体形貌清晰完整,均为球形,零散地分布在基体上,同时还可以利用软件工具对粒状贝氏体的尺寸进行测量,测得其直径约为 $\Phi 0.4~\mu m$。可见相比于普通光学显微镜,激光共聚焦显微镜清晰度好,分辨率高。激光作为光源,它的单色性非常好,光束的波长相同,从根本上消除了色差。共聚焦显微镜中在物镜的焦平面上放置了一个带有针孔的挡板,将焦平面以外的杂散光挡住,从而消除了球差。同时激光共聚焦显微镜采取的点扫描技术和计算机采集和处理信号也进一步提高了图像的清晰度。

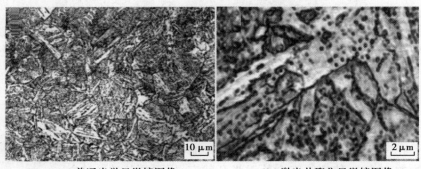

(a)普通光学显微镜图像   (b)激光共聚焦显微镜图像

图 3.28   海洋平台用钢试样的金相组织

胡加佳等将某钢种在盐雾试验箱中进行长时间腐蚀,使试样表面产生了一些腐蚀形貌。将试样用酒精溶液进行冲洗、吹干。将制备好的试样置于蔡司 LSM700 激光共聚焦显微镜下观察,选取表面一些典型形貌进行观察,并采用激光共聚焦显微镜对其形貌进行三维扫描。试验采用 405 nm 波长的激光作为光源,选取合适的激光强度、针孔直径、曝光度及物镜、调节聚焦旋钮选取合适的上下限作为图片三维扫描的起点和终点。设置结束后,开始扫描。激光会根据设置的上下限及扫描方式逐层扫描,获取每一层的扫描信息。扫描结束后得到一些观察区域的微观三维形貌图,典型的微观形貌如图 3.29 和图 3.30 所示。从图 3.29(a)中可知,样品经过一段时间的腐蚀后,在试样表面留下了一些腐蚀坑。可以采用软件对腐蚀坑的具体尺寸进行测量,在需要关注的区域拉一条测量线,如图 3.29(a)线形区域所示,图 3.29(b)所示即为这条测量线的高度坐标信息,可以完整的观察到腐蚀坑在线形剖面所示截面的形貌,对该腐蚀坑的大小进行测量,其在测量线方向的宽度约为 347 μm,高度约为 73 μm。同时在样品表面也发现了另外一些形貌,如图 3.30(a)所示。试样的表面凹凸不平,在测试面中间还有一个大凸起。在图片中间区域拉一条测量线,穿越了基体部分及中间区域。所得的高度测量线如图 3.30(b)所示。测量可知,凸起物在测量线测量方向上的最大高度和最大宽度分别为 30 μm 和 177 μm。

孙大乐等用激光共聚焦显微镜(LSCM),通过调节物镜倍率、测量视场和过滤参数等得到了材料磨损表面的真实形貌,同时能够对磨损表面三维(3D)形貌特征进行精确数字化描述。他们采用优化的参数及激光共聚焦显微镜对 Cr5 冷轧辊材料磨损各阶段试样表面形貌及粗糙度轮廓曲线进行了表征,采用 68# 机油润滑,摩擦副为 GCr15 材料,取磨损 5 min、1 h 和 2 h 后的试样进行观察,分别对应于磨损过程中的 3 个阶段:轻微磨损期、稳定磨损期以及剧烈磨损期。其表面形貌及三维轮廓形貌如图 3.31 所示,各阶段磨损表面的粗糙度轮廓曲线如图 3.32 所示。

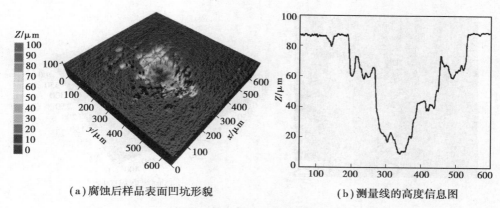

（a）腐蚀后样品表面凹坑形貌　　　　　（b）测量线的高度信息图

图 3.29　试样 1 的表面形貌信息

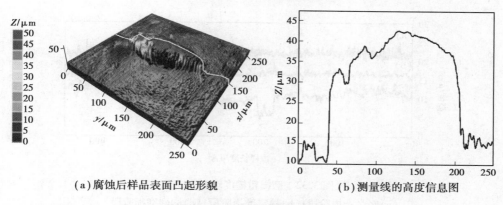

（a）腐蚀后样品表面凸起形貌　　　　　（b）测量线的高度信息图

图 3.30　试样 2 的表面形貌信息

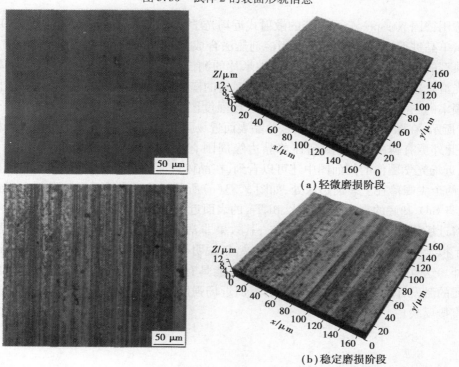

（a）轻微磨损阶段

（b）稳定磨损阶段

图 3.31　磨损表面图像及三维形貌

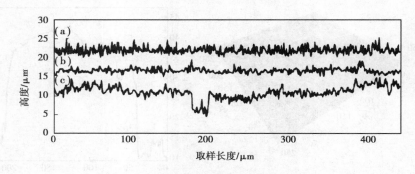

图 3.32　磨损粗糙度轮廓曲线
（a）轻微磨损阶段；（b）稳定磨损阶段；（c）剧烈磨损阶段

　　鲁耀用德国 Neaspec 公司生产的散射式近场光学显微镜（NeaSNOM）对厚度在 30 nm 以下的 Bi_2Te_3 单晶进行试验研究,样品使用溶剂热法合成,并转移到 SiO_2 基底上。如图 3.33 所示为一个典型的六边形结构的 Bi_2Te_3 单晶纳米片的测试结果。如图 3.33（a）所示,单晶表面非常平坦光滑且边沿清晰,其厚度约为 18 nm,对边的横向宽度约为 650 nm。近场光学图像选用以探针频率的三次谐波进行解调,得到的近场强度图基本可以完全去除背景光的干扰,如图 3.33（b）所示,在图中可以看到,Bi_2Te_3 单晶表面近场强度非常高,说明其光与物质的相互作用非常强,此外更有趣的是,观测到在单晶边缘周围有一圈非常明显的亮条纹,称为"边缘模式"。从近场光学图像的剖面图中还可以看到,在晶体表面的中间有一个宽峰,并且在上表面之外,有两个尖峰落在上表面边缘处,如图 3.33（c）所示。近场光学强度已经归一化到基底的强度上,与 SiO_2 基底的声子强度相比,Bi_2Te_3 的表面近场强度增强到了 300%,相比于石墨烯等离激元将近场强度增强到 150% ~ 200%,其效果非常明显。为了进一步分析边缘模式条纹,对其做了拟合,发现其强度完全符合指数式衰减,说明存在很强的瞬逝场紧紧束缚在 Bi_2Te_3 单晶的侧面处。这意味着拓扑结缘体的侧边极有可能具有和表面相似的性质,侧边表面也能承载等离激元的激发,因此推断 Bi_2Te_3 单晶的表面近场强度是与其和拓扑表面态有关的表面等离激元的直接反映。

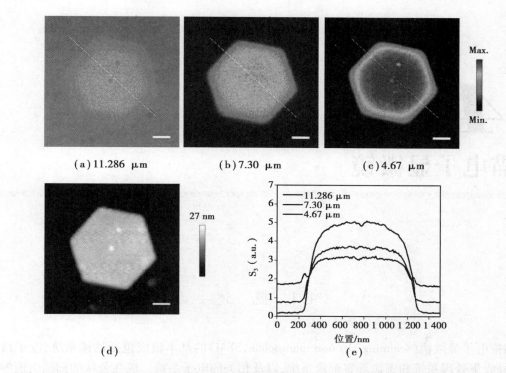

(a) 11.286 μm　　　　(b) 7.30 μm　　　　(c) 4.67 μm

(d)　　　　　　　　(e)

图 3.33 (a)—(c) Bi_2Te_3 单晶薄片在不同波长激发下的近场光学强度图片,比例尺为 200 nm;
(d) Bi_2Te_3 单晶的 AFM 形貌图;(e) 不同波长近场光学图片在 Bi_2Te_3 单晶样品同一位置的横截面图,
横截面的选取位置在(a)—(c)中以白色虚线表示

课后思考题

1. 简述显微镜的阿贝成像原理。
2. 光学显微镜的物镜、目镜各有哪些? 其特征是什么?
3. 光学显微镜的像差有哪几种? 特点如何? 如何校正?
4. 什么是显微镜的有效放大倍数?
5. 光学显微镜由哪几部分组成,各部分的作用是什么?
6. 光学显微镜样品的制备注意有哪几个步骤?
7. 金相试样的制备中抛光有几种方式,各自的原理是什么?
8. 简述矿物试样的制备。

第 *4* 章
扫描电子显微镜

4.1 概 述

扫描电子显微镜(scanning electron microscope,SEM)的基本组成包括透镜系统、电子枪系统、信号收集处理系统和图像观察记录系统,以及相关的电子系统。现在公认的扫描电镜的概念最早是由德国的 Knoll 在 1935 年提出来的,1938 年 Von Ardene 在透射电镜上加了个扫描线圈做出了扫描透射显微镜(STEM)。第一台能观察厚样品的扫描电镜是 Zworykin 制作的,它的分辨率为 50 nm 左右。英国剑桥大学的 Oatley 和他的学生也制作了扫描电镜,到 1952 年他们的扫描电镜分辨率达到了 50 nm。直到 1955 年扫描电镜的研究才取得了较显著的突破,成像质量明显提高,并在 1959 年制成了第一台分辨率为 10 nm 的扫描电镜。第一台商业制造的扫描电镜是 Cambridge Scientific Instruments 公司在 1965 年制造的 Mark I"Steroscan"。Crewe 将场发射电子枪用于扫描电镜,使得分辨率大大提高。1978 年做出了第一台具有可变气压的商业制造的扫描电镜,1987 年样品腔的气压已达到 2 700 Pa。目前,扫描电镜的发展方向是采用场发射电子枪的高分辨扫描电镜和可变气压的环境扫描电镜(也称可变压扫描电镜)。目前的高分辨扫描电镜的分辨率可以达到 1～2 nm,最好的高分辨扫描电镜已具有0.4 nm 的分辨率,并且还可以提供样品内部的透射电子检测模式 STEM(scanning transmission electron microscope)。现代的环境扫描电镜可在气压为 4 000 Pa(30Torr)时仍保持 2 nm 的分辨率。

扫描电子显微镜的成像原理和透射电子显微镜完全不同,它不用电磁透镜放大成像,而是以类似电视摄影显像的方式,利用聚焦电子束在样品表面扫描时激发出来的各种物理信息来调制成像的。

由于扫描电镜的景深很大,可以用它进行显微断口分析,且样品制备简单。另外,扫描电镜的样品室空间很大,可以装入很多探测器。因此,目前的扫描电镜已不仅仅是只用于形貌观察,它还可以与许多其他分析仪器组合在一起,使人们能在一台仪器上进行形貌、微区成分和晶体结构等多种微观组织结构信息的同步分析,如果再采用可变气压样品腔,还可以在扫描电镜下做加热、冷却、加气、加液等各种实验,使扫描电镜的功能大大扩展。这也是为什么扫描电镜得到如此普遍应用的原因之一。

4.2　电子与物质的相互作用

4.2.1　入射电子在固体物质中的运动

当聚焦电子束沿一定方向入射到试样内时,由于受到固体物质中晶格位场和原子库仑场的作用,其入射方向会发生改变,这种现象称为散射。如果在散射过程中入射电子只改变方向,但其总动能基本上无变化,则这种散射称为弹性散射;如果在散射过程中入射电子的方向和动能都发生改变,则这种散射称为非弹性散射。

入射电子的散射过程是一种随机过程,每次散射后都使其前进方向改变,在非弹性散射情况下,还会损失一部分能量,并伴有各种信息的产生,如热、X 射线、光、二次电子发射等。从理论上,入射电子的散射轨迹可以用蒙特·卡罗方法来模拟,如图 4.1 所示。

并且推导出入射电子的最大穿透深度可用如下公式来描述

$$Z_{max} = 0.001\,9(A/Z)^{1.63}E_0^{1.71}/\rho \tag{4.1}$$

式中,ρ——密度;

A——原子量;

Z——原子序数;

E_0——入射电子的能量。

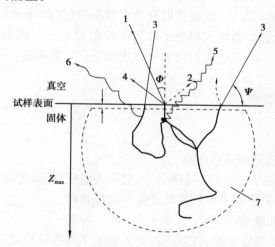

图 4.1　用蒙特卡罗方法计算得出的入射电子的散射轨迹

1—入射电子;2—二次电子;3—背散射电子;4—俄歇电子;5—X 射线;6—阴极发光;

7—扩散云;Z_{max}—入射电子的最大穿透深度;Φ—入射电子的入射角;Ψ—返回表面的出射角

如图 4.1 所示,入射电子经过多次弹性和非弹性散射后,可能出现如下情况:

①部分入射电子所累积的总散射角大于 90°,重新返回表面逸出,这些电子成为背散射电子(原入射电子或称为一次电子);

②部分入射电子所累积的总散射角小于 90°,并且试样的厚度小于入射电子的最大贯穿

深度,则它可以穿透试样而从另一面逸出,这部分电子称为透射电子;

③部分入射电子经过多次非弹性散射后,其能量损失殆尽,不再产生其他效应,被试样吸收,这部分电子称为吸收电子。

系统研究表明,入射电子的散射过程可以在不同的物质层中进行。如果入射电子的能量是在 5 ~ 30 keV 之间,则可能存在如下几种情况:

①入射电子和原子核相互作用;

②入射电子和原子中核外电子相互作用;

③入射电子和晶格相互作用;

④入射电子和晶体空间中电子云相互作用。

现将上述各种相互作用的物理过程说明如下。

4.2.2 入射电子和原子核的相互作用

当入射电子从原子核近距离经过时,由于受原子核库仑电场的作用,会引起入射电子被散射,这种散射过程可以分为弹性散射和非弹性散射两种情况。

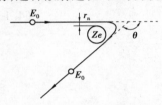

图 4.2 卢瑟福散射模型
E_0—入射电子的能量;θ—散射角

1)卢瑟福散射和弹性散射电子

如果入射电子与原子核相互作用遵守库仑定律,则电子在库仑势作用下发生散射,散射后电子的能量并不改变,这种散射即弹性散射,其运动轨迹将以一定的散射角 θ 偏离原来的入射方向。(图 4.2)

这种散射称为卢瑟福散射(Rutherford scattering),相应被散射的入射电子称为弹性散射电子。理论分析表明,弹性散射电子的散射角 θ 可以用如下公式来确定:

$$\theta = Ze^2/(E_0 r_n) \tag{4.2}$$

式中,E_0——入射电子的能量;

Z——原子序数;

e——电子电荷;

r_n——入射电子轨迹到原子核距离。

由此可见,原子序数越大,电子能量越小,入射轨迹距核越近,则散射角越大。在电子显微分析技术中,弹性散射电子是电子衍射及其成像的物理基础。

2)非弹性散射和韧致辐射

如果入射电子和原子核发生非弹性散射,则入射电子将连续地损失其能量,这种能量损失除了以热的形式释放出来外,也可能以光量子(X 射线)的形式释放出,并有如下关系

$$\Delta E = h\nu = hc/\lambda \tag{4.3}$$

式中,ΔE——非弹性散射的能量损失;

h——普朗克常数;

c——光速;

ν——X 射线的频率;

λ——X 射线的波长。

因为 ΔE 是一个连续变量,相应转变为 X 射线的波长也是连续可变的,结果发射出无特征

波长的连续 X 射线,这种现象称为韧致辐射(bremsstrahlung)。

4.2.3　入射电子与原子中核外电子的相互作用

原子中核外电子对入射电子的散射作用是属于非弹性散射。在散射过程中入射电子所损失的能量部分转变为热,部分使物质中原子发生电离或形成自由载流子(在半导体情况下),并伴随着产生各种有用信息,如二次电子、俄歇电子、特征 X 射线、特征能量损失电子、阴极发光、电子感生电导等。

1)原子的电离

当入射电子与原子中核外电子发生相互作用时,会使原子失掉一个电子而变成离子,这种现象称为电离,而这个脱离原子的电子被称为二次电子。在扫描电镜中,二次电子是最重要的成像信息。

一般来说,原子的电离有两种途径:

①价电子激发。当入射电子和原子中价电子发生非弹性散射作用时会损失其部分能量(30～50 eV),这部分能量激发价电子脱离原子,成为二次电子。一般二次电子的能量在30～50 eV,这种过程称为价电子激发,它是产生二次电子的主要物理过程。

②芯电子激发。当入射电子和原子中内层电子发生非弹性散射作用时也会损失其部分能量(约几百电子伏特),这部分能量将激发内层电子发生电离,从而使一个原子失掉一个内层电子而变成离子,这种过程称为芯电子激发。在芯电子激发过程中,除了能产生二次电子外,同时还伴随着产生特征 X 射线和俄歇电子等重要物理过程。

2)芯电子激发的伴生效应

①产生特征 X 射线。如果电子跃迁复位过程中所放出能量以光量子形式释放出,则产生具有特征波长的 X 射线,简称为特征 X 射线。在扫描电镜中,特征 X 射线信息主要用来进行成分分析。

②产生俄歇电子。如果电子跃迁复位过程所放出的能量再次使原子的电子产生电离变成具有特征能量的二次电子,则称这种具有特征能量的二次电子为俄歇电子。

综上所述,芯电子激发及其复位所释放的能量,或者产生该元素的特征 X 射线,或者产生俄歇电子,这两个过程是互斥事件。如果产生特征 X 射线的概率是 ω_x,产生俄歇电子的概率是 ω_A,则有如下关系存在

$$\omega_x + \omega_A = 1 \tag{4.4}$$

实验表明,产生上述两种互斥过程的概率与同物质的原子序数 Z 有关,对于轻元素(当 $Z < 32$ 时),$\omega_A > \omega_x$;对于重元素(当 $Z > 33$ 时),$\omega_A < \omega_x$;而当 $Z = 32 \sim 33$ 时,$\omega_A = \omega_x$。因此,对于重元素的成分分析,宜采用 X 射线信息,反之,对于轻元素的成分分析,宜采用俄歇电子信息。

4.2.4　入射电子和晶格的相互作用

晶格对入射电子的扩散作用也属于一种非弹性散射过程,因此,入射电子被晶格散射后也会损失部分能量(约 0.1 eV),这部分能量被晶格吸收,结果导致原子在晶格中的振动频率增加。当晶格恢复到原来状态时,它将以声子发射的形式把这部分能量释放出去,这种现象称为声子激发。由于导致声子激发后入射电子所损失的能量很小,如果这种电子能逸出试样表面,

则这种电子被称为低能损失电子,它是电子通道现象的主要衬度效应来源。

4.2.5 入射电子与晶体中电子云的相互作用

原子在金属晶体中的分布是长程有序的,因此可以把金属晶体看作是一种等离子,即一些正离子基本上是处于晶体点阵的固定位置,而价电子构成流动的电子云,漫散在整个晶体空间中,并且在晶体空间中正离子与价电子的分布基本上能保持电荷中性。当入射电子通过晶体空间时,它会破坏轨迹周围的电中性,使电子受到排斥作用而在垂直于入射电子的轨迹方向做径向发散运动。当这种径向发散运动超过电中性要求的平衡位置时,则在入射电子的轨迹周围变成正电性,又会使电子云受到吸引力向相反方向做径向向心运动。当超过其平衡位置后,会再产生负电性,迫使入射电子周围的电子云再做一次径向发散运动,如此往复不已,造成电子云相对于晶格结点上的正离子位置发生集体振荡现象,称为等离子激发。入射电子导致晶体的等离子激发也会伴随着能量损失(约几十电子伏特),但这种能量损失具有一定的特征值,随不同元素和成分而异。因为入射电子在晶体中的不同位置可以使电子云相对于晶格结点上的正离子位置产生多于一次的集体振荡,因此其能量损失可能是特征能量的整数倍。如果入射电子引起等离子激发后能逸出试样表面,则这种电子称为特征能量损失电子。如果对这种电子信息进行能量测量,就可以进行成分分析,称为能量分析电子显微技术。如果利用这种电子信息来成像,则称为能量选择电子显微技术。这两种技术已在透射电子显微镜中得到应用,从而扩大了透射电子显微镜的应用范围。

4.2.6 电子信息的类型

从上述讨论可以看出,入射电子与物质相互作用所产生的信息是多种多样的,它们可以归纳为二次电子、背散射电子、低能损失电子、俄歇电子、特征能量损失电子、光、特征 X 射线、连续 X 射线、电子—空穴对(电动力和阴极发光)、试样电流等。

为了方便实际收集不同种类的电子信息,常在扫描电镜中人为地规定:凡能量小于 50 eV 的电子归属为二次电子,凡能量大于 50 eV 的电子归属于背散射电子。但实际上有些一次电子在经过数百次非弹性散射后能量损失很大(表 4.1),其能量也可能低于 50 eV。

表 4.1　多重散射后入射电子的能量

散射来源	物理效应	能量损失 ΔE_i	一次散射后入射电子能量	n 次散射后入射电子能量
原子核	卢瑟福散射	0		
原子	价电子激发 芯电子激发	几十电子伏特 几百电子伏特	$E = E_0 - \Delta E_i$	$E = E_0 - n \sum \delta_i \Delta E_i$
晶格	声子激发等 离子激发	0.1 eV 固定能量,几十电子伏特		

反之,有些二次电子的能量也可能大于 50 eV,故这是人为规定。

4.3　扫描电镜的构造和工作原理

扫描电子显微镜是由透镜系统、电子枪系统、信号收集处理系统和图像观察记录系统,以及相关的电子系统所组成。

4.3.1　原理方框图

图 4.3 为扫描电子显微镜构造原理的框图。从图 4.3 可以看出,由三极电子枪所发射出来的电子束(一般为 50 μm),在加速电压的作用下(2 ~ 30 kV),经过三个电磁透镜(或两个电磁透镜),汇聚成一个细小到 5 nm 的电子探针,在末级透镜上部扫描线圈的作用下,使电子探针在试样表面做光栅状扫描(光栅线条数目取决于行扫描和帧扫描速度)。由于高能电子与物质的相互作用,结果在试样上产生各种信息,如二次电子、背散射电子、俄歇电子 X 射线、阴极发光、吸收电子和透射电子等。因为从试样中所得到各种信息的强度和分布各自同试样表面形貌、成分、晶体取向以及表面状态的一些物理性质(如电性质、磁性质等)因素有关,因此,通过收集和处理这些信息,就可以获得表征试样形貌的扫描电子像,进行晶体学分析或成分分析。

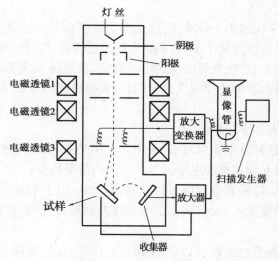

图 4.3　扫描电子显微镜的工作原理方框图

为了获得扫描电子像,通常是用探测器收集来自试样表面的信息,再经过信号处理系统和放大系统变成信号电压,最后输送到显像管的栅极,用来调制显像管的亮度。因为在显像管中的电子束和镜筒中的电子束是同步扫描的,其亮度是由试样所发回的信息的强度来调制,因而可以得到一个反映试样表面状况的扫描电子像、其放大系数定义为显像管中电子束在荧光屏上扫描振幅和镜筒电子束在试样上扫描振幅的比值,即

$$M = \frac{L}{l} = \frac{L}{2D\gamma} \tag{4.5}$$

式中,M——放大系数;

67

L——显像管的荧光屏尺寸;

l——电子束在试样上扫描距离,它等于 $2D\gamma$;

D——扫描电镜的工作距离;

2γ——镜筒中电子束的扫描角。

在扫描电镜中,主要信号及其功能如表 4.2 所示。在上述各种类型图像中,以二次电子像、背散射电子像和吸收电子像用途最广。

表 4.2 扫描电子显微镜的主要信号及其功能

收集信号类别	功能
二次电子	形貌观察
背散射电子	成分分析、晶体学研究
吸收电子	原子序数衬度
特征 X 射线	微区成分分析
俄歇电子	表面层成分分析

4.3.2 真空系统

真空系统在电子光学仪器中十分重要,这是因为电子束只能在真空下产生和操纵。对于扫描电镜来说,通常要求真空度优于 $10^{-4} \sim 10^{-3}$ Pa。任何真空度的下降都会导致电子束散射加大,电子枪灯丝寿命缩短,产生虚假的二次电子效应,使透镜光阑和试样表面受碳氢化合物的污染加速等,从而严重的影响成像的质量。因此,真空系统的质量是衡量扫描电镜质量的参考指标之一。

常用的高真空系统有如下三种:

①油扩散泵系统。这种真空系统可获得 $10^{-5} \sim 10^{-3}$ Pa 的真空度,基本能满足扫描电镜的一般要求,其缺点是容易使试样和电子光学系统的内壁受污染;

②涡轮分子泵系统。这种真空系统可以获得 10^{-4} Pa 以上的真空度,其优点是属于一种无油的真空系统,故污染问题不大,但缺点是噪音和振动较大,因而限制了它在扫描电镜中的应用;

③离子泵系统。这种真空系统可以获得 $10^{-8} \sim 10^{-7}$ Pa 的极高真空度,可满足在扫描电镜中采用 LaB_6 电子枪和场致发射电子枪对真空度的要求。

关于上述三种真空系统的性能比较如表 4.3 所示。

表 4.3 三种真空系统的性能比较

种类	可获得最高真空度	形成污染层速率
油扩散泵	$10^{-4} \sim 10^{-3}$ Pa	30 nm/min(10^{-3} Pa)
涡轮分子泵	优于 10^{-4} Pa	$0.036 \sim 0.09$ nm/min(2×10^{-4} Pa)
离子泵	$10^{-8} \sim 10^{-7}$ Pa	0.07 nm/min(2×10^{-4} Pa)

目前商品生产的扫描电镜,多采用油扩散泵系统。为了减轻污染程度和提高真空度,常在油扩散泵上方安装一个液氮冷阱,从而大大改善真空系统的质量。

4.3.3　电子枪

扫描电子显微镜中的电子枪与透射电子显微镜的电子枪相似,也可分为热电子发射型和场致发射型两种类型。扫描电镜的分辨率与电子波长的关系不大,而与电子在试样表面扫描的最小范围有关。电子束斑越小,电子在试样上扫描范围越小,分辨率越高,但在保证足够小的电子束斑的同时,电子束还需有足够的强度。因此,扫描电镜的加速电压为 1 ~ 30 kV。

1)基本公式

电子枪的作用是产生电子照明源,它的性能决定了扫描电镜的质量,商业生产扫描电镜的分辨率可以说是受电子枪亮度所限制。

根据朗缪尔方程,如果电子枪所发射电子束流的强度为 I_0,则它有如下关系存在

$$I_0 = \beta_0 \pi^2 G_0^2 \alpha^2 / 4 \tag{4.6}$$

式中,α——电子束的半开角;

　　G_0——虚光源的尺寸;

　　β_0——电子枪的亮度。

根据统计力学的理论可以证明,电子枪的亮度 β_0 是由下式来确定

$$\beta_0 = J_k \frac{eV_0}{\pi kT} \tag{4.7}$$

式中,J_k——阴极发射电流密度;

　　V_0——电子枪的加速电压;

　　k——玻尔兹曼常数;

　　T——阴极发射的绝对温度;

　　e——电子电荷。

在热电子发射时,阴极发射电流密度 J_k 可以用如下公式来表示

$$J_k = A_0 T \exp\left(\frac{-e\phi}{kT}\right) \tag{4.8}$$

式中,A_0—发射常数;

　　ϕ—阴极材料的逸出功。

从式(4.7)和式(4.8)可以看出,阴极发射的温度越高,阴极材料的电子逸出功越小,则所形成电子枪的亮度也越高。

2)电子枪的类型

目前,应用于电子显微镜的电子枪可以分为三类,如图 4.4 所示。

①直热式发射型电子枪。阴极材料是钨丝(直径为 0.1 ~ 0.15 mm),制成发夹式或针尖式形状,并利用直接电阻加热来发射电子,它是一种最常用的电子枪。

②旁热式发射型电子枪。阴极材料是用电子逸出功小的材料,如 LaB_6、YB_6、TiC 或 ZrC 等制造,其中 LaB_6 应用最多,它是用旁热式加热阴极来发射电子的。

③场致发射型电子枪。阴极材料是用(310)位向的钨单晶针尖,针尖的曲率半径大约为 100 nm。它是利用场致发射效应来发射电子的。

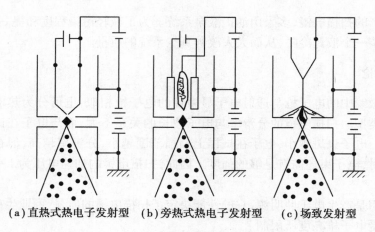

（a）直热式热电子发射型　（b）旁热式热电子发射型　（c）场致发射型

图4.4　各种类型电子枪的工作原理

目前商业生产的扫描电镜大多采用的是发夹式钨丝电子枪。影响电子枪发射性能的因素（依据所发射电子束的强度 J_k）：

①灯丝阴极本身的热电子发射性质（如电子逸出功，几何形状等）；

②灯丝阴极的加热电流。试验表明，发射电流强度是随着阴极加热电流的增加而增加的；

③灯丝尖端到栅极孔的距离 h。一般来说 α 角越大，故可以获得较大的电子束强度，但灯丝的寿命却越短；

④加速电压 V_0。因为灯丝的亮度同加速电压 V_0 成正比，故高的加速电压可以获得较大的发射电流强度。

4.3.4　透镜要求

1）基本要求

透镜系统的作用主要有三个方面：

①把虚光源的尺寸从几十微米缩小到 5 nm（或更小），并且从几十微米到几个纳米间连续可变；

②控制电子束的开角，可以在 $10^{-3} \sim 10^{-2}$ rad 范围内可变；

③所形成的聚焦电子束可以在试样的表面上做光栅状扫描，且扫描角度范围可变。

为了获得上述扫描电子束，其透镜系统通常是由电磁透镜、扫描线圈和消像散器等组成。采用电磁透镜的优点是这种透镜可以安置在镜筒外面，可避免污染和减小真空系统的体积，而且透镜的球差系数较小。

2）透镜系统的结构类型

目前扫描电镜的透镜系统有三种结构：（a）双透镜系统；（b）双级励磁的三级透镜系统；（c）三级励磁的三级透镜系统。其中以三级励磁透镜系统具有较多优点，其理由如下：

①多一级透镜的效果是使电子束的收缩能力更强，对原始光源的尺寸要求不高，仍可以获得小于 5 nm 的电子束斑；

②电子光学系统具有较大的灵活性，便于形成各种扫描式的光路，特别是要形成单偏转摇摆的聚焦电子束扫描光路（这是一种获得选区电子通道花样的光路），只有用三个独立可调的

透镜系统才有可能做到。

3）末级透镜的结构

在扫描电镜中，前级透镜的作用是聚光，把从电子枪所发射出的电子束聚成足够小的束斑，而末级透镜是物镜，末级透镜的像差直接影响成像的分辨率，因此，在末级透镜的设计上，如何降低其球像差是主要任务。

装在末级透镜中的像散校正装置是采用八极式电磁消像散器，其用途是消除由于透镜污染（其效果是导致像场的畸变）所产生的像散。

在扫描电镜中，从下级件到试样上表面的距离（沿光轴方向量）习惯称为工作距离。经验表明，工作距离对扫描电镜像的像差有很大影响，见表4.4。

表4.4 像散系数和工作距离的关系

电镜类型	工作距离/nm	球面像差系数/nm	色像差系数/nm
扫描电镜	8	15	16
	15	20	24
	30	25	43
透射电子显微镜		1.4～4	1.4～4

因此，双偏转线圈的安装位置十分重要。为了可以获得小的工作距离，最好把扫描线圈装在透镜中物空间的位置。

末级透镜光阑的作用是控制电子束的开角，从而控制图像的景深（它与电子束开角的大小成反比）。如果观察图像时所采用的工作距离为 D，光阑孔径为 a，则电子束的开角 2α 由下式来确定

$$2\alpha = \frac{a}{D} \tag{4.9}$$

扫描电镜的工作距离越大，2α 越小，相应焦深越大。由于扫描电镜的焦深大，故所得图像最富有立体感，特别适宜观察高低不平表面。

4.3.5 样品室

在扫描电镜中，一个理想的样品室，在设计上要求如下：

①为了试样能进行立体扫描，样品室空间应足够大，以便放进试样后还能进行旋转360°，倾斜0°～90°和沿三维空间做平移动作，并且能动范围越大越好；

②在试样台中试样能进行拉伸、压缩、弯曲、加热或深冷等，以便研究一些动力学过程；

③样品室四壁应有数个备用窗口，除安装电子检测器外，还能同时安装其他检测器和谱仪，以便进行综合性研究；

④备有与外界接线的接线座，以便研究有关电场和磁场所引起的衬度效应。

近代的大型扫描电镜均备有各种高温、拉伸、弯曲等试样台，试样最大直径可达100 mm，沿 X 轴和 Y 轴可各自平移100 mm，沿 Z 轴可升降50 mm。此外，在样品室的各窗口还能同时连接 X 射线波谱仪、X 射线能谱仪、二次离子质谱仪和图像分析仪等。

4.3.6 信号收集和图像显示记录系统

1）二次电子和背散射电子收集器

它由闪烁器、光电管、光电倍增管和前置放大器组成，其结构如图 4.5 所示。从试样出来的电子，经过一个金属纱网进入一个柱形筒中，当金属筒加 +250 V 电压时，能接收背散射电子。试样产生的二次电子（或背散射电子）由该电压加速，并被收集到闪烁体上。

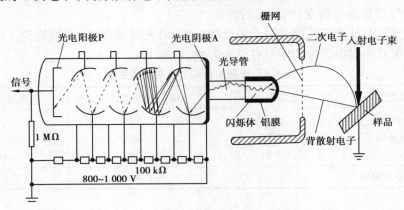

图 4.5 二次电子和背反射电子收集器示意图

当电子打到闪烁体上，产生光子，而光子将通过没有吸收的光电管传送到光电倍增管的光电阴极 A 上。

光电倍增管的功能是将微弱的信号进行第一级放大。光电阴极上涂有铯的化合物，当电子射到它上面，即可产生光电子。光电阴极 A 和阳极 P 之间有 800 ~ 1 000 V 电压，它使光电子向阳极移动。在阴极和阳极之间有许多起聚焦作用，同时能使光电子倍增的电极（称为打拿极），一般有 10 个打拿极（$D_1 \sim D_{10}$），依次加上相等的电压（80 ~ 150 V）。这些打拿极一般由铍-铜（含铍量约 2% ）、银-镁（含镁量为 2% ~ 4% ）、铝-镁（含镁量为 4% ~ 5% ）等材料制成。当光电子轰击到这些材料上，就会产生多于一个的二次电子（一般为 3 ~ 6 个电子）。这样，电子逐渐倍增。当改变打拿极上的电压，使信号放大至微安数量级，再送至前置放大器，放大成为有足够功率的输出信号，再送到视频放大器，而后可直接调制阴极射线管的栅极电位，这样就得到一幅图像。

2）吸收电子检测器

试样不直接接地，而与一个高灵敏的微电流放大器相连，它可检测出 $10^{-12} \sim 10^{-6}$ A 这样小的电流，而吸收电子电流信号一般为 $10^{-9} \sim 10^{-7}$ A，故该电流放大器可以检测出被试样吸收的电子，从而得到所要的吸收电流图像。该放大器以后的接收装置都和收集二次电子的接收装置一样。

3）显示系统

从检测器收集到的信号，最终被送到阴极射线管（cathode ray tubes，CRT）上成放大像。该阴极射线管的扫描线圈与镜筒中的控制电子束扫描的扫描线圈是由同一个锯齿波发射器控制的，两者严格同步。显示装置一般有两个显示屏，一个用于观察，另一个供记录用（照相）。CRT 扫描一帧图像通常可选用 0.2 s 和 0.5 s 等扫描速度，最快可以是电视（TV）扫描速度，它采用长余辉显像管。这种 CRT 的分辨率一般为 10 cm × 10 cm 的荧光屏上有 500 条线,这对于人眼的观察是足够了。用于照相记录的 CRT 管是短余辉显像管,它的分辨率较高,在 10 cm × 10 cm 的荧光屏上有 800 ~ 1 000 条线。在观察时为便于调焦,尽可能采用快的扫描速度,而拍照时为了得到高分辨率的图像,要尽可能采用慢的扫描速度(50 ~ 100 s)。显示系统还配有照相机,可将显示屏上的像记录下来。现代的扫描电镜可将图像用数字形式输出。

4.4　扫描电子显微镜的性能与特征

4.4.1　分辨率

影响扫描电子显微镜分辨率的因素有三个:①电子束的实际直径;②电子束在试样中的散射;③信号噪声比。下面分别进行讨论。

1)电子束直径对分辨率的影响

在扫描电镜的三个透镜作用下,从电子枪出来的电子束被缩小到直径为 d_0、张角为 α 的电子束。考虑到末级透镜的球差、色差、衍射差等原因,照射到试样上的实际电子束直径为 d,它比 d_0 要大。根据 Smith 近似公式,d 可以写为

$$d^2 = d_0^2 + d_s^2 + d_c^2 + d_f^2 \tag{4.10}$$

式中,$d_c = C_c \alpha \Delta V_0 / V_0$——色差引起的电子束的漫散圆直径;

　　C_c——色差系数;

　　$\Delta V_0 / V_0$——加速电压的相对变化;

　　$d_s = 0.5 C_s \alpha^2$——透镜球差所引起的电子束的漫散圆直径;

　　C_s——球差系数;

　　$d_f = 1.22 \times 10^{-10} \sqrt{150/\alpha V_0}$——衍射效应造成的电子束的漫散圆直径;

　　V_0——加速电压。

在扫描电镜的工作条件下,$d_s > d_c$,$d_s > d_f$,所以

$$d^2 = d_0^2 + d_s^2 = d_0^2 + \frac{1}{2} C_s \alpha^3 \tag{4.11}$$

即照射到试样上的实际电子束的直径 d 的大小主要取决于 d_0 和 α 值。对于电子探针来说,除了考虑电子束电流 I_p 的影响,根据 Langmuir 方程

$$I_p = \left(\quad \right) \tag{4.12}$$

式中,J_k——灯丝发射电流密度;

　　V_0——电子枪阴极的加速电压;

　　k——玻尔兹曼常数。

从式 4.11 和式 4.12 可知,当 d_0 和 α 变小时,d 变小,电子束照射到试样上发射电子的实际直径变小,即分辨率提高了。但随着 d_0 的变小,使得电子束电流 I_p 也变小。当 d_0 缩小到一定程度时,电子束电流强度太低,不能从试样表面激发出足够的信号。这时相对来说噪声的作用就显得突出了,难以检测出试样两点之间所发射出的二次电子之差,从而影响成像和分辨

率。故理想的电子束不仅要尺寸小,还要束流大。场发射枪就具有这个特点,场发射枪的电子束斑比热电子发射束斑要小 500~5 000 倍,而束流强度要大 1 000 倍,故场发射枪是高性能扫描电镜的理想电子源,高分辨扫描电镜都使用场发射电子枪。

2)电子受试样散射对分辨率的影响

电子束进入试样后,受到试样的散射,而使直径变宽,分辨率降低,这种散射效应取决于加速电压的大小和试样本身的性质。二次电子只在样品表面下 10 nm 左右深度范围内才可能从表面逸出。在这样的深度范围内,二次电子还来不及扩展,这时的截面比入射的电子束直径略大几个纳米,所以二次电子像的分辨率可高达几个纳米(对热阴极电子枪来说,二次电子分辨率可达到 3~6 nm;若使用场发射电子枪,二次电子分辨率可达到 0.4~1.5 nm)。加速电压越高,入射电子在试样汇总的横向扩散范围越大,结果使得从比电子束截面大得多的范围内发射出二次电子。高加速电压对分辨率不利,加速电压过高还会使精细结构不鲜明,边缘效应过大,破坏了图像的衬度。对导电试样,加速电压一般选用 30 kV;对于非导电试样,加速电压一般选用 1~3 kV。

4.4.2 放大倍数

扫描电镜的放大倍数 M 的定义为:在显像管中电子束在荧光屏上最大扫描距离和在镜筒中电子束在试样上最大扫描距离的比值,即

$$M = \frac{l}{L} \tag{4.13}$$

式中,l——荧光屏长度;

L——电子束在试样上扫过的长度。

因为荧光屏长度 l 是固定不变的,只要调节电子束在试样上的扫描长度 L 就可改变放大倍数 M 的大小。这是通过调节扫描线圈上的电流来进行的。减少扫描线圈的电流,电子束偏转的角度小,在试样上移动的距离变小,使放大倍数增加。反之,增大扫描线圈上的电流,放大倍数就变小。当改变工作距离时,还应对扫描线圈上的电流进行补偿,以保证正确的放大倍数。由于扫描电镜的放大倍数并不是通过磁透镜,而是采用几何的方式来实现,因而扫描电镜的放大倍数可以连续改变,放大倍数改变特别方便。目前,商业化的扫描电镜放大倍数可在 20~200 000 倍下连续改变。

放大倍数与分辨率应保持一定的关系,扫描电镜才能充分发挥作用。在一定的放大倍数下,分辨率还受肉眼分辨能力的限制。如果实际观察的放大倍数不变,为了保证足够的信噪比,有时采用较低的仪器分辨率反而会改善图像的清晰度。例如人眼的最大分辨率为 0.1 mm,采用的观察放大倍数为 M,则仪器的分辨率满足如下条件就足够了

$$Q = \frac{0.1}{M} \tag{4.14}$$

在不同的观察放大倍数下,所允许的仪器分辨率如表 4.5 所示。从表 4.5 中的数据可以看出,盲目地使用高的放大倍数,并不一定能提高仪器的实际分辨能力。对于使用热钨丝发射电子枪的扫描电镜来说,它的最高分辨能力不优于 3 nm。如果在这种仪器上使用 50 000 倍的放大倍数,是毫无意义的。

表4.5 放大倍数与最低分辨率的关系

放大倍数	仪器最低分辨率/nm	放大倍数	仪器最低分辨率/nm
20×	优于5 000	10 000×	优于10
100×	优于1 000	50 000×	优于2
500×	优于200	1 000 000×	优于1
1 000×	优于100	2 000 000×	优于0.5
5 000×	优于20		

4.4.3 景深

扫描电镜的末级透镜（物镜）采用小孔径角、长焦距，所以可获得很大的景深。扫描电镜的景深比一般光学显微镜大100~500倍，比透射电镜大10倍左右。

表4.6 扫描电镜的景深的典型数据

最大放大倍数	图像宽度/μm	景深/μm	
		$\alpha = 2$ mrad	$\alpha = 10$ mrad
10×	10 000	10 000	2 000
50×	2 000	2 000	400
100×	1 000	1 000	200
500×	200	200	40
1 000×	100	100	20
10 000×	10	10	2
100 000×	1	1	0.2

扫描电镜的景深 D 可粗略地用下式估计

$$D = \frac{0.2}{\alpha M} \tag{4.15}$$

式中，α——电子束的张角；

M——扫描电镜的放大倍数。

由公式可见，放大倍数越小，景深越大。表4.6给出了一般情况下扫描电镜景深的典型数据。

图4.6是用扫描电镜在低倍下观察球墨铸铁断口形貌的情况。可见在比较低的倍数下，试样的二次电子图像景深很大。由于景深大，所以扫描电镜图像的三维立体感很强。表现在如图所示的球墨铸铁断口形貌呈现非常明显的拉裂痕迹，且石墨球的表面鳞片状形貌一目了然。对断口试样，只有景深大才能有效地观察，光学显微镜往往因为景深不够大而不能胜任。由于断口试样粗糙，做复型易产生假象，所以用透射电镜观察也有一定的困难。扫描电子显微镜正是由于其景深大、制样方便等特点而成为材料失效分析中必不可少的分析手段之一。

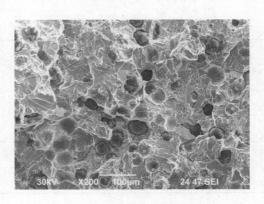

图 4.6 球墨铸铁断口的扫描电镜像

4.4.4 样品制备

1）块状试样的制备

块状试样包括导电性材料和非导电性材料。导电性材料主要是指金属,一些矿物和半导体材料也具有一定的导电性。这类材料的试样制备,试样大小不得超过仪器规定（如试样直径最大为 25 mm,最厚不超过 20 mm 等）,经过清洗,然后用双面胶带粘在载物盘上,再用导电银浆连通试样与载物盘（以确保导电良好）,等银浆干了之后就可放到扫描电镜中直接进行观察。

非导电性的块状材料试样的制备基本与导电性块状材料试样的制备一样,只是在导电性材料制备基础上需在样品表面喷镀一层导电层即可。对非导电性试样,例如陶瓷、玻璃有机物等,在电子束扫描下,表面会积累负电荷,使样品表面形成一个较强的负电位,产生充电现象。样品的负电位抵消了入射电子部分能量,使二次电子发射和运动不稳定。在电子探针的图像观察和成分分析时,会产生电子束漂移和表面热损伤等现象,使分析点无法定位,图像无法聚焦。

2）粉末试样的制备

粉末样品制备,首先在载物盘上粘上双面胶带,然后取少量粉末试样放在胶带上的靠近载物盘圆心部位,接着用吹气橡胶球沿载物盘径向朝外方向轻吹,以使粉末可以均匀分布在胶带上,也可以把黏结不牢的粉末吹走。然后在胶带边缘涂上导电银浆以连接样品与载物盘,等银浆干了之后就可以进行最后的导电膜喷镀。

对于小于 5 μm 小颗粒,要得到较好的分析结果,最好将粉体用压片机压制成块状,此时标样也应用粉体压制。对细颗粒的粉体分析时,特别是对团聚体粉体形貌观察时,需将粉体用酒精或水在超声波机内分散,再用滴管把均匀混合的粉体滴在试样座上,待液体烘干或自然干燥后,粉体靠表面吸附力即可黏附在试样座上。

3）溶液试样的制备

对于溶液试样一般采用薄铜片作为载体。首先,在载物盘上粘上双面胶带,然后粘上干净的薄铜片,把溶液小心滴在铜片上,等干了之后观察析出的样品量是否足够,如果不够,再滴一次,再次干之后就可以涂导电银浆和喷镀导电膜了。

4)生物试样的制备

扫描电镜生物样品的制备,必须满足以下要求:①保持完好的组织和细胞形态;②充分暴露观察的部位;③良好的导电性和较高的二次电子产额;④保持充分干燥的状态。

一般采用化学方法制备样品,其程序通常是:清洗→化学固定→干燥→镀膜。

①清洗。某些生物材料表面常附着血液、细胞碎片、消化道内的食物残渣、细菌、淋巴液及黏液等异物,掩盖着要观察的部位,因而需要在固定之前用生理盐水或等渗缓冲液等把附着物清洗干净。亦可用质量分数 5% 的碳酸钠溶液冲洗或酶消化法去除这些异物。

②固定。通常采用醛类(主要是戊二醛和多聚甲醛)与四氧化锇双固定,也可用四氧化锇单固定。四氧化锇固定不仅可以良好地保存组织细胞结构,而且能增加材料的导电性和二次电子产额,提高扫描电子显微图像的质量。这对高分辨扫描电子显微术是极端重要的。

③干燥。固定后通常采用临界点干燥法。其原理是:适当选择温度和压力,使液体达到临界状态(液态和气态之间分界面消失),从而避免在干燥过程中由水的表面张力所造成的样品变形。对含水生物材料直接进行临界点干燥时,水的临界温度和压强不能过高(37.4 ℃,218 Pa)。

④镀膜。将干燥的样品用导电性好的黏合剂或其他黏合剂粘在金属样品台上,然后放在真空蒸发器中喷镀一层厚为 5~30 nm 的金属膜。

4.5 扫描电子显微镜在材料分析中的应用

扫描电子显微镜是一种多功能的仪器、具有很多优越的性能、是用途最为广泛的一种仪器,它可以应用于很多领域。其中,尤其以收集二次电子信号而获得的图像应用最为广泛,下面将以二次电子成像及衬度原理展开讲述。

4.5.1 图像解释

通过分别检测上述的信号,最终在显像管上形成的扫描图像与常见的透射电子显微镜及光学显微镜图像相似,扫描图像也是黑白程度不同(衬度)的画面,但不同的是二次电子像焦深大、立体感强。正确理解图像衬度内容及形成原因是可靠地解释扫描电镜图像的关键。扫描电镜图像衬度成因比较复杂,内容也较丰富,有形貌因素,也有电、光、磁及元素分布等因素,还有因试样性质不同以及在制样过程中引进的人工产物的干扰因素。与透射电镜不同,扫描电镜图像衬度不是由透过试样的弹性散射电子,也不是将电子束从试样激发出来的信号直接进行聚焦成像,而是利用各种检测器检测入射电子束从试样不同微区激发出来的强度不同的电子或电磁波信号,最终在镜体外显像管上形成的。能反映试样某种特征性质的有用信息。入射电子束与试样相互作用发出的各种信号及其在不同微区的强度差异决定扫描电镜图像衬度,它是解释图像的依据。下面我们重点讨论二次电子像衬度。

二次电子像衬度是入射电子束从试样表层不同部位激发的二次电子数量变化的反映。电子束入射条件一定(加速电压、电子束流及束斑大小),二次电子发射量与试样入射角等有密切关系。即决定于倾斜角效应,就是决定二次电子像衬度的主要内容。

1)倾斜效应

电子束入射方向与试样表面成不同角度时,图像亮度,即二次电子发射量不同。一般情况是电子束入射方向与试样表面方向一致时(垂直入射)见图4.7,二次电子的产额最少,图像亮度最小;与表面法线成45°入射(倾斜入射)时,则电子束穿入样品激发二次电子的有效深度增加到$\sqrt{2}$倍,入射电子使距表面5~10 nm的作用体积内逸出表面的二次电子数量增多(见图中黑色区域),图像亮度增大。二次电子发射量与电子束对试样表面法线夹角θ的余弦倒数($1/\cos\theta$)成正比。任何观察试样表面都有着不同程度的起伏(凹凸),即对入射电子束呈现不同程度的倾斜,因而由各相应部位(微区)发生的二次电子量也不尽相同。图4.8为实际样品中二次电子的激发过程示意图,可以看出凸出的尖角、小粒子以及倾斜面处,二次电子产额较多,在图像中为亮衬度;平面上二次电子的产额较小,亮度较低;在沟槽内产生的二次电子,不易被探测器收集到,因此沟槽底为暗衬度。

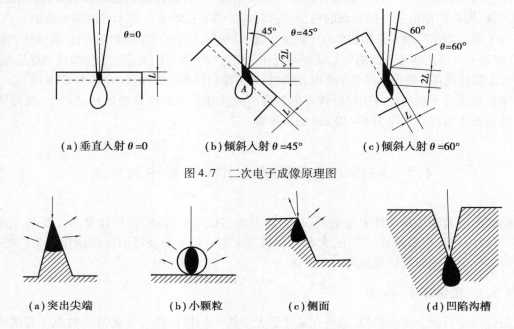

(a)垂直入射 $\theta=0$ (b)倾斜入射 $\theta=45°$ (c)倾斜入射 $\theta=60°$

图4.7 二次电子成像原理图

(a)突出尖端   (b)小颗粒   (c)侧面   (d)凹陷沟槽

图4.8 实际样品中二次电子的激发过程示意图

在显像管上的图像将呈现与试样起伏程度相对应的亮度差异,即试样倾斜(形貌)衬度。图4.9为根据上述原理画出的造成二次电子形貌衬度的示意图。图中样品上B面的倾斜度最小,二次电子产额最小,亮度最低。反之,C面倾斜度最大,亮度也最大。由于二次电子能量只有几十电子伏特,在检测器正电场的作用下,从试样向各个方向发射的二次电子可全部被检测器收集。在显像管上显示的二次电子图像上对应试样表面凹凸较大的部位,具有明显的立体感,凹凸较小(精细结构)的部位也容易分辨。表面凹凸(形貌)衬度是二次电子像最重要的衬度内容。

2)原子序数效应

二次电子产额随元素原子序数增大而增加。在扫描图像上,试样表面原子序数小的部分的图像的亮度将比原子序数大的部分差。背散射电子发生与元素原子序数有着明显的依赖关系,所以图像衬度中也含有背散射电子像的衬度内容。原子序数衬度是用对样品微区元素或化学成分变化敏感的背散射电子信号作为调制信号,得到的一种显示微区成分差别的图像衬度。图4.10所示为背散射电子产额与原子序数的关系。当原子序数$Z<40$时,背散射电子产额随原子序

数增加而增加。样品上的平均原子序数较高的区域产生较强的信号,在背散射电子像显示为亮衬度;反之,平均原子序数低的区域产生的背散射电子少,在背散射电子像上呈暗衬度。因此,可以根据背散射电子像上的亮、暗衬度判断相应区域原子序数的高低,定性地进行化学成分分析。在观察试样二次电子像时,原子序数衬度是干扰衬度。但对于生物试样或高分子材料,为防止试样损伤和荷电,提高二次电子产额,改善图像质量,经常在试样表面均匀蒸涂一层原子序数较大的重金属膜,如 Au、Pt 等,变原子序数效应的不利因素为有利因素。

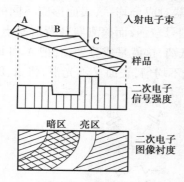

图 4.9　二次电子形貌衬度示意

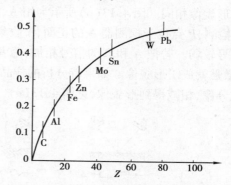

图 4.10　背散射电子产额与原子序数的关系

　　背散射电子能量较高,离开样品后沿直线轨迹运动,达到检测器的背散射电子信号强度要比二次电子低得多,要避免粗糙表面对原子序数衬度的干扰,被分析样品只进行抛光而不必腐蚀。

　　如图 4.11、图 4.12 所示,同样的试样铝钴镍合金通过采集不同的成像信号,显示出不同的信息。对比可以看出,未经过腐蚀的铝钴镍合金背散射电子图像的清晰度优于二次电子的清晰度。背散射电子含有试样平均元素组成、表面几何形貌信息。使用半导体检测器可以观察样品表面的成分像,以及成分与形貌的混合像。能从背散射电子像的衬度迅速得出一些元素的定性分布概念,对于进一步制定用特征 X 射线进行定量分析的方案是很有好处的。很多金相抛光试样,未腐蚀的光滑表面,看不到什么形貌信息,必须借助背散射电子像才能观察抛光面的元素及相分布,确定成分分析点,研究材料的内部组织和夹杂。导电性差的试样,形貌观察时,背散射电子像(BEI)优于二次电子像(SEI)。背散射电子像观察对于合金研究、失效分析、材料中杂质检测非常有用。

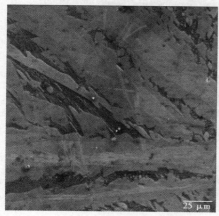

图 4.11　铝钴镍合金二次电子照片

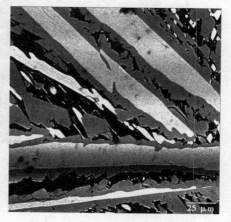

图 4.12　铝钴镍合金背散射电子照片

对有些既要观察形貌又要进行成分分析的样品,可以用两个探测器收集试样同一部位背散射电子,然后将两个探测器收集到的信号输入计算机进行加减处理,可分别得到形貌信号和成分信号。

图 4.13 为用 A、B 两个探测器同时探测试样同一部位,并进行信号加减的示意图。图 4.13(a)所示是检测表面形貌相同而成分不均匀的样品,探测器收集到的信号大小相同;若把 A 和 B 信号相加,则得到信号增大一倍的成分像;若把 A 和 B 信号相减,则成一条水平线,表示表面的形貌像相同。图 4.13(b)所示为用 A、B 探测器对成分均一、表面形貌不同的试样的 P 点进行检测,P 点位于探测器 A 的正面,A 收集到的信号较强;而探测器 B 背对 P 点,所以收集到的信号较弱。若把 A 和 B 的信号相加,两者正好抵消,这就是成分像;若把 A 和 B 两者相减,信号增强就成了形貌像。如果待分析的样品成分既不均匀,表面又不光滑,将 A、B 信号相加得到成分像,相减得到形貌像,见图 4.13(c)。

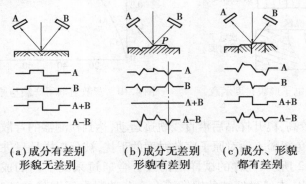

(a)成分有差别 (b)成分无差别 (c)成分、形貌
形貌无差别　　形貌有差别　　都有差别

图 4.13　信号加减处理示意图

图 4.14 为 $SrTiO_3$ + MgO 复相陶瓷的扫描电子显微像,通过图片对比可以看出:$SrTiO_3$ + MgO 复相陶瓷的二次电子像表面起伏清晰,有较强的三维立体感;$SrTiO_3$ + MgO 复相陶瓷背散射电子像表面起伏模糊,但不同相的亮度变化大,如图 4.14(b)所示,白色亮相为 $SrTiO_3$,灰色暗相为 MgO,$SrTiO_3$ 相主要分布在 MgO 相之间的空隙处,所以将二次电子像和背散射电子像以及 X 射线成分分析联合使用可以得到待测样品更为详尽的信息。

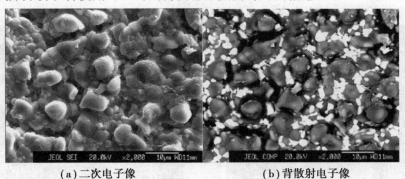

(a)二次电子像　　　　　　　　(b)背散射电子像

图 4.14　$SrTiO_3$ + MgO 复相陶瓷的扫描电子显微像

4.5.2　扫描电镜在材料研究中的应用

扫描电镜可用于材料的组织形貌观察,表面形貌分析和深度检测,微区化学成分分析和微组织及超微尺寸材料的研究。

1)材料表面组织形态的观察研究

光学显微镜由于受分辨率和放大倍数的限制,难以分辨常见材料金相组织中的某些细节,如贝氏体中的碳化物及回火时所析出的碳化物,铝合金时效析出的化合物相等。而扫描电镜具有比光学显微镜高得多的分辨率和放大倍数,材料中许多组织细节可以清楚地观察到,且扫描电子显微镜可以清楚地反映和记录样品微观特征,是观察分析样品微观结构方便、易行的有效方法,样品无须制备,只需直接放入样品室内即可放大观察。同时扫描电子显微镜可以实现试样从低倍到高倍的定位分析,在样品室中的试样不仅可以沿三维空间移动,还能够根据观察需要进行空间转动,以利于使用者对感兴趣的部位进行连续、系统的观察分析。

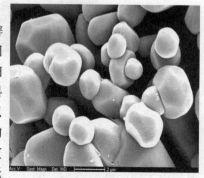

图 4.15　钛酸锶陶瓷组织结构

例如,扫描电子显微镜在新型陶瓷材料显微分析中的应用(图 4.15)。在陶瓷的制备过程中,进行显微结构的分析,原始材料及其制品的显微形貌、孔隙大小、晶界和团聚程度将决定其最后的性能。

利用扫描电镜的二次电子成像特征,可以观察到不同晶体的生长形态。如图 4.16 所示。

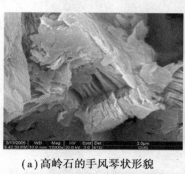

(a)高岭石的手风琴状形貌

(b)尖晶石四棱锥结构

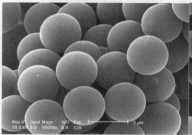

(c)碳纳米球形貌

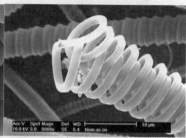

(d)碳纳米线自旋成的螺旋形碳管

(e) ZnO管状结构   (f) 化学法生长的ZnO纳米阵列

图4.16 不同晶体自由表面的二次电子像

2）材料断口形貌的观察研究

利用表面形貌衬度可以用来观察断口，进行失效分析。图4.17 为不同材料的断口形貌，揭示出不同的断裂行为。图4.17(a)为精细钢疲劳断裂的宏观断口形貌。图4.17(b)~图4.17(c)为不同断口的形貌图。

金属和合金的解理裂缝常常不是沿着一个晶面，而是沿着很多晶面，即沿着一簇相互平行，位于不同高度的晶面以不连续方式裂开，在不同高度解理面之间存在着台阶，在解理裂纹的扩展过程中，众多台阶因裂纹前沿的移动而汇成"河流花样"，如图4.17(e)所示。

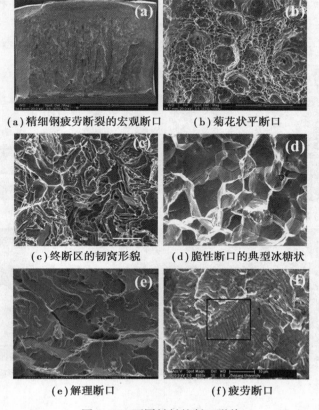

(a) 精细钢疲劳断裂的宏观断口 (b) 菊花状平断口

(c) 终断区的韧窝形貌   (d) 脆性断口的典型冰糖状

(e) 解理断口   (f) 疲劳断口

图4.17 不同材料的断口形貌

4.5.3 扫描电镜在生物、医学领域应用

在生物、医学领域可以利用高性能的电子显微镜观察细胞中各种正常的和病理的超微结构,诸如内质网、线粒体、高尔基体、溶酶体、细胞骨架系统等,对探明病因和治疗疾病有很大帮助。可以研究细胞的通讯与运输、分裂与分化、增殖与调控等生命活动的规律,电子显微镜也可结合各种制样技术观察病毒、细菌、支原体、生物大分子等的超微结构(图 4.18),是现代生物、医学研究不可替代的工具。例如:wilson 病是一种先天的代谢性疾病,线粒体在早期的病理变化对病理诊断是非常有价值的。在软组织系统疾病诊断中,Kyriacou 等认为电镜对 3 种主要类型肌病的诊断很有用:空泡性肌病、代谢性肌病、先天性肌病。这些疾病中 15% ~ 20% 的肌肉活检需要进一步使用电镜检查资料作为最终诊断的依据。

(a)某腐烂生物上的变形链球菌的形态 (b)某樟树上的石榴小爪螨的局部躯体后缘

图 4.18　病毒形貌图

课后思考题

1.扫描电子显微镜的特点有哪些?

2.电子束入射固体样品表面会激发哪些信号? 它们有哪些特点和用途?

3.扫描电子显微镜的分辨率受哪些因素影响? 用不同的信号成像时,其分辨率有何不同? 所谓扫描电镜的分辨率是指用何种信号成像时的分辨率?

4.二次电子像和背散射电子像在显示表面形貌衬度时有何相同与不同之处?

5.简述扫描电镜在金属断口形貌分析上的应用。

第 **5** 章
透射电子显微镜

图 5.1　H-9500 型透射电子显微镜

透射电子显微镜简称透射电镜(transmission electron microscope,TEM),是以波长很短的电子束作照明源,用电磁透镜聚焦成像的一种具有高分辨、高放大倍数的电子光学仪器,它同时具备两大功能:物相分析和组织分析。物相分析是利用电子和晶体物质相互作用可以发生衍射的特点,获得物相的衍射花样,而组织分析则是利用电子波遵循阿贝成像原理,可以通过干涉成像的特点,获得各种衬度图像。图 5.1 给出的是 H-9500 型透射电子显微镜的实物照片。

5.1　基本原理

5.1.1　透射电子显微镜发展简史

1923 年,Louis de Broglie 提出了物质波理论,即一切微观粒子如同光子一样具有波动性,且描述微观粒子粒子性的物理量 E(能量)、P(动量)与描述微观粒子波动性的物理量 ν(频率)、λ(波长)直接的关系为

$$E = h\nu \tag{5.1}$$

$$P = \frac{h}{\lambda} \tag{5.2}$$

式中,h——普朗克常量。

物质波理论的提出使得人们意识到各种微观粒子都可以作为入射波与物质作用,从而发生衍射现象。根据物质波理论,物质波(各种微观粒子对应的波)的波长与其动量成反比,只要将粒子加速到足够的动量,就可得到波长很短的物质波。在 1927 年 Davisson 与 Germer 将电子束垂直投射到镍单晶上,观察到了电子的衍射现象。同年 Tompson 将电子束投射到多晶薄金属片上也观察到了如同 X 射线一样的衍射现象。电子衍射实验证明了物质波的存在。

早在 100 多年前,德国著名理论光学家 Ernst Abbe 给出了光学仪器的最小分辨距离:

$$d = \frac{0.61\lambda}{n\sin\alpha} \tag{5.3}$$

式中，d——光学仪器可分辨的两物点之间的最小距离；

　　　λ——光波波长；

　　　n——介质折射率；

　　　α——光学透镜的半镜口角。

光学仪器的分辨本领$\propto \dfrac{1}{d} \propto \dfrac{1}{\lambda}$，即光学仪器的分辨本领反比于光波波长。

1926 年，Busch 指出具有轴对称性的磁场对电子束起着透镜的作用，可以使电子束聚焦成像。这一发现直接导致电磁透镜的产生，利用电磁透镜可以聚集电子束作为高倍率放大装置的电子源，同时电磁透镜可以作为放大镜对电子图像逐级放大，这都为电子显微镜提供了可行的技术。因为电子波的波长要比光波波长短，可以想见电子显微镜的分辨本领要比光学显微镜高，即电子显微镜的分辨率比光学显微镜的小。

1932 年柏林大学的 Knoll 和 Ruska 提出了透射电子显微镜的概念，并于 1933 年制造出了第一台带双透镜电子源的电子显微镜，其分辨率可达 50 nm。1939 年德国西门子公司制造出了第一台商用透射电子显微镜，分辨率优于 10 nm。我国于 1958 年成功研制第一台透射电子显微镜，型号为 DX-100（Ⅰ）中型，其分辨率为 10 nm。

现代高性能透射电子显微镜的点分辨率已优于 0.3 nm，晶格分辨率已达 0.1~0.2 nm。放大倍数从第一台电镜的十几倍提高到几十万倍甚至百万倍。此外，透射电子显微镜的功能不断扩展，除了观察样品内部超微结构外，还开发出了能同时观察样品表面和内部超微结构，乃至单个原子像的高分辨场发射枪扫描透射电子显微镜（scanning transmission electron microscope，STEM），可观察活细胞的高压透射电子显微镜（high voltage transmission electron microscope，HVTEM），能观察含水样品的低温透射电子显微镜（cryo-transmission electron microscope，CTEM）。

日本电子株式会社 2010 年 7 月最新推出了冷场发射双球差校正原子分辨和分析型 ARM200F 透射电镜，ARM200F 在保证亚纳米分辨率 0.078 nm 的同时，能量分辨率提高到 0.3 eV，极大增强了原子级观察和原子级分析能力。2017 年 6 月日本电子株式会社推出了最新款的 JEM-ARM200F NEOARM 原子级分辨率透射电子显微镜，"NEOARM" 标配了日本电子独自开发的冷场发射电子枪（Cold-FEG）和全新的高阶球差校正器（ASCOR），无论是在 200 kV 的高加速电压还是在 30 kV 的低加速电压下，均能实现原子级分辨率的观察与分析。同时还配备了自动像差校正系统，可以自动进行快速准确的像差校正。新 STEM 成像技术（e-ABF 法）可以更加简便地观察到含有轻元素样品的高清晰（衬度）图像。

5.1.2　透射电子显微镜的基本原理

透射电子显微镜的成像原理是阿贝成像原理，成像原理图如图 5.2 所示，透射电子显微镜是利用透过样品的透射电子成像的。电子枪发射出电子束，经聚光系统照射在试样上，电子束与试样相互作用后会有试样内的信息从试样透射而出进入放大成像处理系统，最终形成带有样品信息的图像，使人眼能够识别。

入射电子束进入试样后，产生散射现象，散射包括弹性散射和非弹性散射。电子束中的所

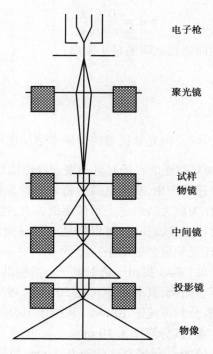

电子枪

聚光镜

试样
物镜

中间镜

投影镜

物像

图 5.2　透射电子显微镜成像原理图

有电子与物质发生散射后,有的因物质吸收而消失,有的改变方向溢出样品表面,有的则因非弹性散射将能量传递给样品原子的核外电子,引发多种电子激发现象,产生一系列物理信息,如二次电子、俄歇电子、特征 X 射线等。

5.1.3　电子衍射

电子衍射是周期性排列的晶体结构对电子发生弹性散射的结果。当电子与晶体物质作用时,电子受到原子集合体的散射,在弹性散射的情况下,各电子散射的电子波波长相同,由于晶体中原子的周期性排列,使得散射电子波满足相干条件,在相遇区域相干叠加,从而形成相干散射,在某些方向干涉加强出现电子衍射现象。电子受到试样的弹性散射是电子衍射图和电子显微镜的物理依据,它可以提供试样晶体结构及原子排列的信息。

电子衍射分为低能电子衍射(加速电压仅有 10 ~ 500 V)和高能电子衍射(加速电压一般在 100 kV 以上),透射电镜采用的是高能电子衍射,主要用于材料的物相和结构分析、晶体位向的确定和晶体缺陷及其晶体学特征的表征等方面。

1)电子衍射方向

电子衍射束在空间方位上如何分布?布拉格方程从数学的角度给出了解答,而厄瓦尔德图解以作图的方式回答了这个问题,二者是等效的。

(1)布拉格(Bragg)方程

由于晶体结构的周期性,可将晶体视为许多相互平行且晶面间距相等的原子面组成,即认为晶体是由晶面指数为(hkl)的晶面堆垛而成,晶面间距为 d,设一束平行的入射波(波长 λ)以 θ 角照射到(hkl)的原子面上,各原子面产生反射。

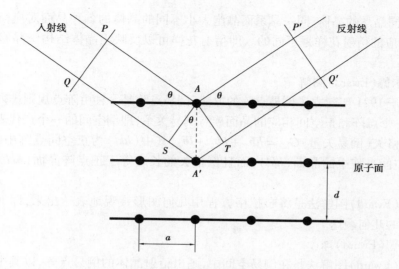

图 5.3　布拉格反射原理图

图 5.3 中 PA 和 QA' 分别为照射到相邻两个平行原子面的入射线,它们的反射线分别为 AP' 和 $A'Q'$,则两条反射线的光程差为

$$\delta = QA'Q' - PAP' = SA' + A'T = 2d\sin\theta \tag{5.4}$$

只有当光程差为波长的整数倍时,相邻晶面的反射波才能干涉加强形成衍射线,所以产生衍射的条件为

$$\delta = 2d\sin\theta = n\lambda \tag{5.5}$$

式(5.5)是著名的布拉格公式,其中 $n = 0,1,2,3,\cdots$ 称为衍射级数,θ 角称为布拉格角或半衍射角。

布拉格方程包含很多对材料分析非常重要的含义:

①衍射是一种选择性反射,只有当 λ、θ、d 三者之间满足布拉格方程时才能发生反射,进而产生衍射现象。

②入射线的波长决定了结构分析的能量,只有晶面间距大于 $\lambda/2\left(\dfrac{\lambda}{2d} = \sin\theta \leqslant 1\right)$ 的晶面才能产生衍射,衍射分析用入射线波长应与晶体的晶格常数接近。

③衍射花样和晶体结构具有确定的关系,将各晶系的晶面间距方程代入布拉格方程($n = 1$,且只适用于简单晶胞)

立方晶系　　$\sin^2\theta = \dfrac{\lambda^2}{4a^2}(h^2 + k^2 + l^2)$ 　　　　(5.6)

单斜晶系　　$\sin^2\theta = \dfrac{\lambda^2}{4}\left(\dfrac{h^2}{a^2} + \dfrac{k^2\sin^2\beta}{b^2} + \dfrac{l^2}{c^2} - \dfrac{2hl\cos\beta}{ac}\right)\Big/\sin^2\beta$ 　　(5.7)

四方晶系　　$\sin^2\theta = \dfrac{\lambda^2}{4}\left(\dfrac{h^2 + k^2}{a^2} + \dfrac{l^2}{c^2}\right)$ 　　　　(5.8)

正交晶系　　$\sin^2\theta = \dfrac{\lambda^2}{4}\left(\dfrac{h^2}{a^2} + \dfrac{k^2}{b^2} + \dfrac{l^2}{c^2}\right)$ 　　　　(5.9)

六方晶系　　$\sin^2\theta = \dfrac{\lambda^2}{4}\left(\dfrac{4}{3}\dfrac{h^2 + hk + k^2}{a^2} + \dfrac{l^2}{c^2}\right)$ 　　(5.10)

会发现不同晶系的晶体、同一晶系而晶胞大小不同的晶体的各种晶面对应衍射线的方向 θ 不同,因此对应的衍射花样是不同的。即衍射花样可以反映出晶体结构中晶胞大小及形状的变化。

(2)厄瓦尔德(Eward)图解

厄瓦尔德于1921年建立了倒易点阵的方法,倒易点阵是一种由阵点规则排列构成的虚拟点阵,它的每一个点阵和正空间相应的晶面族有倒易关系,即倒空间的一个点代表着正空间的一族晶面。倒格矢(倒易矢量) $G_{hkl} = h b_1 + k b_2 + l b_3$,其中 (hkl) 为正空间点阵中的晶面指数, G_{hkl} 垂直于正空间点阵中的晶面 (hkl),而且倒格矢的长度等于正点阵晶面 (hkl) 间距的倒数 $|G_{hkl}| = 1/d_{hkl}$。

厄瓦尔德(Eward)图解法是将布拉格方程用几何图形直观地表达出来,即 Eward 图解法是布拉格方程的几何表达。

①厄瓦尔德(Eward)球。

厄瓦尔德(Eward)图解法是在倒易空间中,画出衍射晶体的倒易点阵,以其中任一格点为倒易原点 O,以 O 为端点作入射波的波矢量 S_0(即图 5.4 中的矢量 O_1O),该矢量平行于入射方向,长度等于波长的倒数 $1/\lambda$。以 O_1 为中心,$1/\lambda$ 为半径作一个球,这就是 Eward 球(也称为反射球)。此时,若有倒易阵点 G_{hkl} 正好落在 Eward 球的球面上,则相应的晶面 (hkl) 与入射方向必然满足布拉格方程,而衍射波方向就是 O_1G(对应波矢量为 S),其长度也等于波长的倒数 $1/\lambda$。

②厄瓦尔德(Eward)图解。

由于 AO 为 Eward 球的直径,所以 $\triangle AOG$ 为直角三角形,因此有

$$\overline{OG_{hkl}} = \overline{OA}\sin\theta = \frac{2}{\lambda}\sin\theta \qquad (5.11)$$

而 $\overline{OG_{hkl}} = 1/d_{hkl}$,将其代入式(5.11)可得到:$\dfrac{1}{d_{hkl}} = \dfrac{2}{\lambda}\sin\theta \Rightarrow 2d_{hkl}\sin\theta = \lambda$,即式(5.11)与布拉格方程等价。

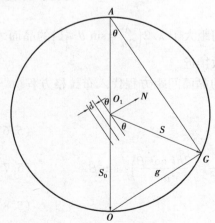

图 5.4　厄瓦尔德图解

由图 5.4 可见,倒易矢量 $g = S - S_0$($OG = O_1G - O_1O$),即当衍射波矢和入射波矢相差一个倒格子时,衍射才能产生。这时倒易格点刚好落在 Eward 球的球面上,产生的衍射方向沿着球心到倒易格点的方向,相应的晶面 (hkl) 与入射波束满足布拉格方程。

2)电子衍射的强度

影响衍射强度的因素较多,一般从散射基元(单电子)对入射波的散射强度开始处理,首先计算一个电子对入射波的散射强度(涉及偏振因子);再将原子内所有电子的散射波合成,得到一个原子对入射波的散射强度(涉及原子散射因子);其次将一个晶胞内所有原子的散射波合成,得到晶胞的衍射强度(涉及结构因子);而后将一个晶粒内所有晶胞的散射波合成,得到晶粒的衍射强度(涉及干涉函数);最后将材料内所有晶粒的散射波合成,得到材料(多晶体)

的衍射强度。另外在实际测试条件下材料的衍射强度还受温度、材料吸收以及等同晶面数等因素的影响,因此在衍射强度公式中还须引入温度因子、吸收因子和多重性因子。

3)电子衍射花样的形成原理

电子衍射花样是电子衍射斑点在正空间中的投影,图 5.5 为电子衍射花样的形成原理图。试样位于 Eward 球的球心 O_1 处,电子束从 AO_1 方向入射,作用于晶体的晶面(hkl)上,若该晶面刚好满足布拉格条件,则电子束将沿着 O_1G 方向发生衍射并与反射球相交于 G。在试样下方 L 处放置一张底片,就可让入射波束和衍射波束同时在底片上感光成像,结果在底片上形成两个像点 O_2 和 G_1,如图 5.5(a)所示。当晶体中由多个晶面同时满足衍射条件时,球面上有多个倒易点阵,在底片上分别成像,从而形成以 O_2 为中心,多个像点分布四周的衍射花样谱,如图 5.5(b)所示。此时,O 点和 G 点是倒易空间的阵点,是虚拟存在点,而底片上的像点 O_2 点和 G_1 点则已经是正空间中的真实点了,这样 Eward 球上的倒易阵点通过投影转换到了正空间。

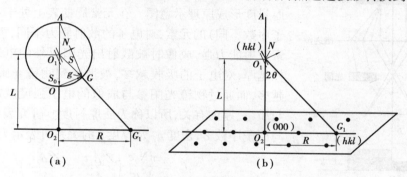

图 5.5　衍射花样的形成原理

设底片上的像点 G_1 和中心点 O_2 的距离为 R,衍射角很小,可以近似认为 $\boldsymbol{g} \perp S$,因此 $\triangle O_1OG$ 与 $\triangle O_1O_2G_1$ 相似,有

$$\frac{R}{L} = \frac{g}{\dfrac{1}{\lambda}} \Rightarrow R = \lambda Lg \tag{5.12}$$

令 $\boldsymbol{R}$ 为透射斑点 O_2 到衍射斑点 G_1 的连接矢量,令 $K = \lambda L$,则有

$$\boldsymbol{R} = K\boldsymbol{g} \tag{5.13}$$

式(5.13)为电子衍射的基本公式,$K = \lambda L$ 称为相机常数;L 为相机长度。这样正、倒空间就通过相机常数联系在一起了,晶体中的微观结构可通过测定电子衍射花样,经过相机常数 K 的转换,获得倒空间的相应参数,再由倒易点阵的定义就可推测各衍射晶面之间的相对位向关系了。

5.1.4　透射电镜的衬度

透射电镜中,所有的显微像都是衬度像。电镜中的衬度大小可表示为

$$C = \frac{I_1 - I_2}{I_1} = \frac{\Delta I}{I_1} \tag{5.14}$$

式中,I_1 和 I_2 分别表示两像点的成像电子的强度。

电子衍射花样是对物镜后焦面的图像的放大,如果对物镜像面上的图像进行放大,就可得到电子显微图像。电子显微图像携带材料组织结构信息,电子束受物质原子的散射,在离开下

表面时,除了沿入射方向的透射束以外,还有受晶体结构调制的衍射束的影响,它们的振幅和相位都发生了变化。衬度就源于样品对入射电子的散射,因此,电子显微图像的衬度可分为振幅衬度和相位衬度。研究表明,试样厚度大于 10 nm 时,以振幅衬度为主;试样厚度小于 10 nm 时,以相位衬度为主。

选取电子电荷电量、不同的成像信息,可以形成不同类型的电子衬度图像。选择单束(透射束或一个衍射束)可以形成衍射衬度像,选择多束(透射束和若干衍射束)可以形成相位衬度像,选择高角衍射束可以形成原子序数衬度像。根据产生振幅差异的原因,振幅衬度又可分为质厚衬度和衍射衬度。

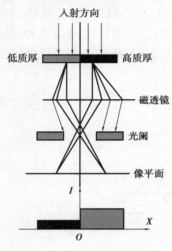

图 5.6　质厚衬度原理示意图

1)质厚衬度(mass-thickness contrast)

质厚衬度是由于试样各处组成物质的原子种类不同和厚度不同造成的透射束强度不同而产生的衬度,图 5.6 为质厚衬度形成原理示意图。在元素周期表上处于不同位置(原子序数不同)的元素,对电子的散射能力不同,重元素比轻元素散射能力强,成像时被散射出光阑以外的电子也越多;试样越厚,对电子的吸收越多,被散射到物镜光阑外的电子就越多,而通过物镜光阑参与成像的电子强度就越低,即衬度与质量、厚度有关,所以称为质厚衬度。研究表明,质厚衬度与原子序数 Z、密度 ρ_1 及厚度 t 的关系可表示为

$$C = \frac{\pi N_0 e^2}{V^2 \theta^2}\left(\frac{Z_1^2 \rho_1 t_1}{A_1} - \frac{Z_2^2 \rho_2 t_2}{A_2}\right) \tag{5.15}$$

式中,N_0——阿伏加德罗常数;

e——电子电荷电量;

V——电子枪加速电压;

θ——光阑的孔径角;

A——原子质量。

可见,用小的光阑(θ 小)衬度大;降低电子枪加速电压 V,能提供高质厚衬度。质厚衬度主要用于分析非晶材料。

2)衍射衬度(diffraction contrast)

衍射衬度主要用于分析晶体材料,是由于试样各部分满足布拉格条件的程度不同以及结构振幅不同而产生的。如图 5.7 所示,设试样仅由 A,B 两个晶粒组成,其中晶粒 A 完全不满足布拉格方程的衍射条件,而晶粒 B 中为简化起见也仅有一组晶面(hkl)满足布拉格衍射条件产生衍射,其他晶面均远离布拉格条件,这样入射电子束作用后,将在晶粒 B 中产生衍射束 I_{hkl},形成衍射斑点。而晶粒 A 因不满足衍射条件,无衍射束产生,仅有透射束 I_0。

如果移动物镜光阑,挡住衍射束,仅让透射束通过,如图 5.7(a)所示,晶粒 A 和 B 在晶面上成像,其电子束强度分别为 $I_A \approx I_0$ 和 $I_B \approx I_0 - I_{hkl}$,晶粒 A 的亮度远高于晶粒 B。若以 A 晶粒像的强度为背景强度,则 B 晶粒像衬度为

$$\left(\frac{\Delta I}{I_A}\right)_B = \frac{I_A - I_B}{I_A} \approx \frac{I_{hkl}}{I_A}$$

这种由满足布拉格衍射条件的程度不同造成的衬度称为衍射衬度。并把这种挡住衍射

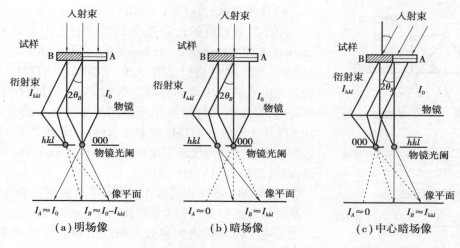

图 5.7　衍射衬度产生原理图

束,让透射束成像的操作称为明场操作,所成的像称为明场像。

如果移动物镜光阑挡住透射束,仅让衍射束通过成像,得到所谓的暗场像,此成像操作称为暗场操作,如图 5.7(b)所示。此时 A、B 晶粒成像的电子束强度分别为 $I_A \approx 0$ 和 $I_B \approx I_{hkl}$,若仍以 A 晶粒的强度为背景强度,则 B 晶粒像的衍射衬度为

$$\left(\frac{\Delta I}{I_A}\right)_B = \frac{I_A - I_B}{I_A} \approx \frac{I_{hkl}}{I_A} \to \infty$$

但由于此时的衍射束偏离了中心光轴,其孔径半角相对于平行于中心光轴的电子束要大,因而磁透镜的球差较大,图像的清晰度不高,成像质量低,为此,通过调整偏置线圈,使入射电子束倾斜 $2\theta_B$ 角,如图 5.7(c)所示。晶粒 B 中的($\bar{h}\,\bar{k}\,\bar{l}$)晶面完全满足衍射条件,产生强烈衍射,此时的衍射斑点移到了中心位置,衍射束与透镜的中心轴重合,孔径半角大大减小,所成像比暗场像更加清晰,成像质量得到明显改善,我们称这种成像操作为中心暗场操作,所成像称为中心暗场像。

可见,通过物镜光阑和偏置线圈可实现明场、暗场和中心暗场 3 种成像操作,其中暗场像的衍射衬度高于明场像的衍射衬度,中心暗场的成像质量又因孔径半角的减小比暗场像高,因此在实际中通常采用暗场或中心暗场进行成像分析。以上 3 种操作均是通过移动物镜光阑来完成的,因此物镜光阑又称为衬度光阑。

3)相位衬度(phase contrast)

质厚衬度像和衍射衬度像发生在较厚的样品中,透射束的振幅发生变化,因而透射波的强度发生了变化,产生了衬度。在极薄的样品条件(小于 10 nm)下,不同样品部位的散射差别很小,或者说在样品各点散射后的电子基本上不改变方向和振幅,因此质厚衬度和衍射衬度都无法显示。但在一个原子尺度范围内,电子在距原子核不同地方经过时,散射后的电子能量会有 $10 \sim 20$ eV 的变化,从而引起频率和波长的变化,并引起相位差别,相位不同的电子经相互干涉后便会形成反映晶格点阵和晶格结构的干涉条纹像(图 5.8),这就是相位衬度像,通过分析相位衬度像可测定物质在原子尺度上的精细结构。可见相位衬度主要是由相位差所引起的,晶格分辨率的测定以及高分辨图像就是采用相位衬度来进行分析的。

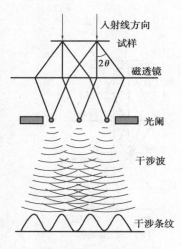

图 5.8　相位衬度原理示意图

（入射线方向、试样、磁透镜、2θ、光阑、干涉波、干涉条纹）

4）原子序数衬度（Z contrast）

原子序数衬度的产生基于扫描透射电子显微术（annular-dark-field scanning transmission electron microscopy, STEM）。STEM 是将扫描附件加于 TEM 上，STEM 采用聚焦的高能电子束（<0.2 nm，可达 0.126 nm）扫描，在透过薄膜样品时，利用电子与样品相互作用产生的各种信息来成像。在 STEM 上安装一个环形探测器，就可以得到暗场 STEM 像，这种方法称为高角度环形暗场（high angle annular dark field）成像法，简称为 HAADF 成像法。

在 HAADF-STEM 成像中，采用细聚焦的高能电子束对样品进行逐点扫描，环形探测器有一个中心孔，它不接收中心透射电子而只接收大多数大角度散射的弹性和非弹性电子，图像是由到达高角度环形探测器的所有电子产生的，其图像的亮度与原子序数的平方（Z^2）成正比，因此这种显微像称为原子序数衬度像（Z-衬度像）。可见 Z-衬度像几乎完全是非相干条件下的成像，因此它的分辨率要高于相干条件下的成像。

由于 HAADF 环形探测器接收范围大，可收集约 90% 的散射电子，比起普通的 TEM 更灵敏，因为 TEM 的暗场像只用了散射电子中的一部分电子成像。因此，对于散射较弱的材料或在各组成部分之间散射能力的差别很小的材料，其 Z-衬度像的衬度将明显提高。

由于 Z-衬度像的强度与原子序数的平方（Z^2）成正比，因此 Z-衬度像具有较高的组成（或成分）敏感性，在 Z-衬度像上可以直接观察夹杂物的析出、化学有序和无序以及原子柱的排列方式。图 5.9 所示铸态 Mg-3.6Zn-0.6Y 合金经 625 K 时效处理 0.5 小时后 Mg 基体中析出的纳米尺寸准晶相沿二次轴的原子分辨率 Z-衬度像。从图 5.9 中可以看出，准晶粒与 Mg 基体之间保持固定的取向关系，在准晶粒的芯部已经可以看到完整的菱形结构单元，而靠近界面附近的基体晶格中，重元素偏聚使得 Mg 基体原子柱的像点亮度显著增强。

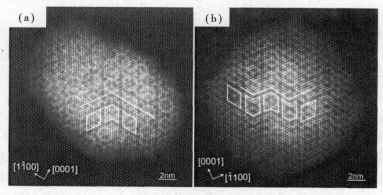

图 5.9　铸态 Mg-3.6Zn-0.6Y 合金经 625 K 时效处理 0.5 小时后 Mg
基体中析出的纳米尺寸准晶相沿二次轴的原子分辨率 Z-衬度像

5.2　仪器结构

透射电子显微镜由电子光学系统、真空系统以及电源与控制系统三部分组成,其中电子光学系统是核心部分,其他两个系统是为电子光学系统顺利工作提供支持。

5.2.1　电子光学系统

电子光学系统又称镜筒,分为照明系统、成像系统和观察记录系统三部分。

1)照明系统

照明系统由电子枪、聚光镜(电磁透镜)和电子束平移、倾斜调节装置组成,作用是提供亮度高、相干性好、束流稳定的照明电子束。

电子枪是电子束的来源,也称为电镜的光源。电子枪它不但能产生电子束,而且采用高压电场可将电子加速到所需的能量,对成像质量起着重要的作用。电子枪发射的电子越多,图像越亮;电子速度越大,电子对样品的穿透能力越强;电子束的平行度、束斑直径和电子运动速度的稳定性也会对成像质量产生重要影响。

由电子枪直接发射出的电子束的束斑尺寸较大、发散度大、相干性也较差,为了有效地利用这些电子,获得亮度高、近似平行、相干性好的电子束,就要用到聚光镜。聚光镜是用来会聚电子枪射出的电子束的,使电子束以最小的损失照明样品,并调节照明强度、孔径角和束斑大小。现代电镜采用的是如图 5.10 所示的双聚光镜系统,第一聚光镜是一个短焦距强激磁透镜,它把电子枪交叉点的像缩小为 1 ~ 5 nm;第二聚光镜是一个长焦距透镜,它可以调节照明强度、孔径角和束斑大小。

电磁透镜是透射电子显微镜的核心部件,是区别于光学显微镜的显著标志。下面对电磁透镜作以介绍。

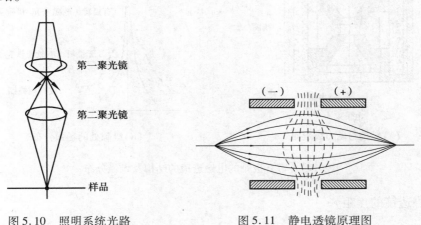

图 5.10　照明系统光路　　　　　　　图 5.11　静电透镜原理图

(1)静电透镜

静电透镜的原理图如图 5.11 所示,两个电位不等的同轴圆筒构成了一个最简单的静电透镜。静电场的方向由正极指向负极,其等位面如图 5.11 中的虚线所示。当电子束沿中心轴射入时,电子的运动轨迹处处与等位面垂直,从而使平行入射的电子束汇聚于中心光轴上,透射电子显微镜中的电子枪就属于静电透镜。

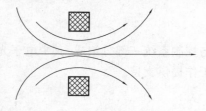

图 5.12 短线圈磁场示意图

（2）电磁透镜

一个通电的短线圈构成一个简单的电磁透镜。短线圈通电后,在线圈内形成如图 5.12 所示的磁场,线圈中心轴上各点的磁场关于中心轴对称,当电子束沿轴向进入磁场时,在洛伦兹力的作用下,沿中心方向螺旋汇聚(如图 5.13 所示),这样电磁透镜的像与样品之间会产生一定角度的旋转。实际上电磁透镜是将线圈置于内环带有缝隙的软磁铁壳中,软磁铁可显著增强短线圈中的磁感应强度,缝隙可使磁场在该处更加集中,缝隙越小,集中程度越高,产生的磁场越强。为了使线圈内的磁场强度进一步增强,还可在线圈内加上一对极靴。极靴采用磁性材料制成,呈锥形杯状,置于缝隙处,极靴可使电磁透镜的实际磁场强度更有效地集中到缝隙四周仅几毫米的范围内(图 5.14 给出了几种不同情况下缝隙处的磁场强度的分布示意图)。

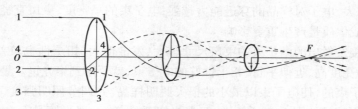

图 5.13 电子束在短线圈磁场中的运动示意图

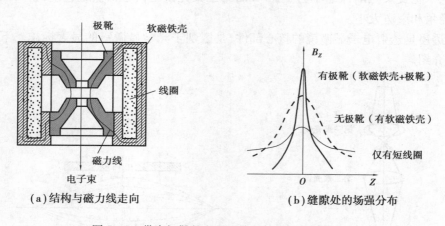

（a）结构与磁力线走向 　　　（b）缝隙处的场强分布

图 5.14 带有极靴的电磁透镜的结构及场强分布

（3）电磁透镜的焦距 f

$$f \approx \frac{U_r}{(IN)^2} \tag{5.16}$$

式中,I——励磁电流;

N——线圈的匝数;

U_r——经过相对论修正过的加速电压。

94

可见电磁透镜的焦距 f 可以通过改变励磁电流来改变,因此电磁透镜的成像可以通过改变焦距 f 以满足成像条件;电磁透镜的焦距 f 总是正值,因此电磁透镜为汇聚透镜;电磁透镜的焦距 f 与加速电压 U_r 成正比,因此为了减小焦距 f 波动,需稳定加速电压。

(4)电磁透镜的像差

电磁透镜的像差由内外两种因素引起,内因是电磁透镜的几何形状,其导致的像差称为几何像差,几何像差又包括球差和像散;外因是电子束波长的稳定性,其导致的像差称为色差。像差会直接影响电磁透镜的分辨率,因此了解像差及其影响因素十分必要,下面简单介绍球差、像散和色差的产生原因及补救方法。

球差:球差是由于电磁透镜的近轴区磁场和远轴区磁场对电子束的折射能力(改变电子束方向的能力)不同导致的。载流短线圈产生的磁场在近轴处的径向分量小,而在远轴区的径向分量大,因而近轴区磁场对电子束的折射能力低于远轴区磁场对电子束的折射能力,这样当物点通过电磁透镜成像时,电子就不会聚到同一焦点上,而是形成系列散焦斑。理论研究表明:当物平面上两点的距离小于 $2r_s$ 时,则电磁透镜不能分辨,在其像平面上得到一个点,因此 r_s 用来表示球差,球差的大小

$$r_s = \frac{1}{4} C_s \alpha^3 \tag{5.17}$$

式中,C_s——球差系数,一般为电磁透镜的焦距;

α——电磁透镜的孔径半角。

可见通过减小 C_s 和 α 可使球差减小,特别是减小孔径半角可显著减小球差。

像散:像散是由于形成电磁透镜的磁场非旋转对称引起的。如极靴的内孔不圆、材质不匀、上下不对中以及极靴孔被污染等原因,造成了电磁透镜磁场的非旋转对称,而是呈椭圆形,椭圆形磁场的长轴和短轴方向对电子束的折射率不一致,类似于球差使得物点通过电磁透镜成像时,电子不是会聚到同一焦点上,而是形成系列散焦斑。理论研究表明:当物平面上两点的距离小于 $2r_A$ 时,则电磁透镜不能分辨,在其像平面上得到一个点,因此 r_A 用来表示像散,像散的大小

$$r_A = f_A \alpha \tag{5.18}$$

式中,f_A——电磁透镜因椭圆度造成的焦距差;

α——电磁透镜的孔径半角。

可见像散取决于磁场的椭圆度和孔径半角,而椭圆度是可以通过配置对称磁场来得到校正的,因此,像散是可以基本消除的。

色差:色差是由于电子波长不稳定导致的。在同一条件下,不同波长的电子聚焦在不同的位置,当电子波长最大时,能量最小,被磁场折射的程度大,聚焦于近焦点;反之,当电子波长最小时,电子能量就最大,被折射的程度也就最小,聚焦于远焦点。这样,当电子波长在最大值和最小值之间变化时,光轴上的物点通过电磁透镜成像时,电子就不会聚到同一焦点上,而是形成系列散焦斑。理论研究表明:当物平面上两点的距离小于 $2r_C$ 时,则电磁透镜不能分辨,在其像平面上得到一个点,因此 r_C 用来表示色差,色差的大小

$$r_C = C_C \alpha \left| \frac{\Delta E}{E} \right| \tag{5.19}$$

式中,C_C——电磁透镜的色差系数,取决于加速电压的稳定性;

α——电磁透镜的孔径半角；

$\dfrac{\Delta E}{E}$——电子束的能量变化率，能量变化率与加速电压的稳定性和电子穿过样品时发生

的弹性散射有关。

一般情况下，薄试样的弹性散射影响可以忽略，因此，提高加速电压的稳定性可以有效地减小色差。

综上，可见像差中，除了球差外，像散和色差均可通过适当的方法来减小甚至可基本消除，因此球差成了像差中影响透镜分辨率的最主要因素。

（5）电镜的分辨率

电镜的分辨率不同于光学显微镜，光学显微镜的分辨率主要是由衍射效应决定的，而电镜的分辨率不仅取决于衍射效应还与透镜本身的像差有关。电镜分辨率的大小是其衍射分辨率和像差分辨率中的最大值，分为点分辨率和晶格分辨率两种。点分辨率是指电镜刚能分辨出的两个独立颗粒间的间隙；当电子束作用于标准样品后形成的透射电子束和衍射电子束同时进入电子透镜的成像系统中，在像平面上形成反映晶面间距大小和晶面方向的干涉条纹像，在保证条纹清晰的前提条件下，其最小的晶面间距就是电镜的晶格分辨率。

2）成像系统

成像系统主要由物镜、中间镜、投影镜、物镜光阑以及选区光阑组成。穿过试样的透射电子束在物镜后焦面形成衍射花样，在物镜的像面形成放大的组织像，并经过中间镜、投影镜的接力放大，获得最终的图像。

（1）物镜

物镜是成像系统的关键部分，它形成第一幅衍射谱（或电子像），成像系统中的其他透镜只是对衍射谱进行进一步放大。物镜基本决定了透射电镜的分辨能力，物镜的任何像差都将被进一步放大并保留，因此要求物镜的像差尽可能小的同时有高放大倍数。

为了减小物镜的球差，往往在物镜的后焦面上安放一个物镜光阑。在后焦面处除了有近似平行于轴的透射电子束外，还有更多的从样品散射的电子也在此汇聚。物镜光阑所起的作用是：挡掉大角度散射的非弹性电子，减少色差和球差，提高图像衬度；选择后焦面上的晶体样品衍射束成像，获得明、暗场像。

在物镜的像平面上，装有选区光阑，它是实现选区衍射功能的关键部件。

（2）中间镜

中间镜主要用于选择成像或衍射模式和改变放大倍数。当中间镜物面取在物镜的像面上时，则将图像进一步放大，这就是电子显微镜中的成像操作，如图5.15（a）所示；当中间镜物面选择物镜后焦面上时，则将衍射谱放大，在荧光屏上得到一幅电子衍射花样，这就是透射电子显微镜中的电子衍射操作，如图5.15（b）所示。

中间镜是一个弱激磁的长焦距变倍透镜，倍率一般可在0～20倍范围内调节。在电镜的操作过程中，中间镜被用来控制电镜的总放大倍数，当放大倍数大于1时，用来进一步放大物镜像；当放大倍数小于1时，用来缩小物镜像。

（3）投影镜

投影镜是一个强激磁的短焦距透镜，作用是把经中间镜放大（或缩小）的像（或电子衍射花样）进一步放大，并投影到荧光屏上。投影镜具有较大的景深（景深是指在保持清晰度的情

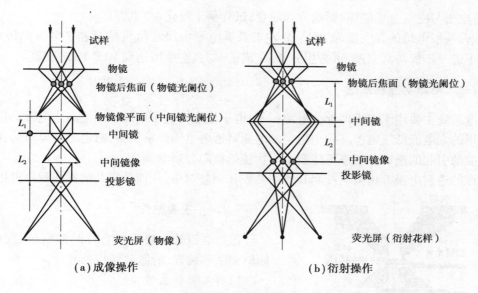

图 5.15　中间镜的成像操作与衍射操作

况下,试样或物体沿镜轴可以移动的距离范围),即使中间镜的像发生移动,也不会影响在荧光屏上得到清晰的图像;投影镜同时具有较大的焦深(焦深是指在保持清晰度的情况下,像平面沿镜轴可以移动的距离范围),因此可以放宽电镜荧光屏和底片平面严格的位置要求,对仪器的制造和使用带来了方便。

3)观察记录系统

观察记录系统主要由荧光屏和照相机构组成。荧光屏是在铝板上均匀喷涂荧光粉制得,主要是在观察分析时使用,试样图像经过透镜多次放大后,在荧光屏上显示出高倍放大的像。在荧光屏下面放置一个可以自动换片的照相暗盒。照相时只要把荧光屏掀往一侧垂直竖起,电子束即可使照相底片曝光。由于透射电子显微镜的焦深很大,显然荧光屏和底片之间有数厘米的间距,但仍能得到清晰的图像。

通常采用在暗室操作情况下人眼较敏感的、发绿光的荧光物质来涂制荧光屏。这样有利于高放大倍数、低亮度图像的聚焦和观察,电子感光片是一种对电子束曝光敏感、颗粒度很小的溴化物乳胶底片,它是一种红色盲片。由于电子与乳胶相互作用比光子强得多,照相曝光时间很短,只需几秒钟。早期的电子显微镜用手动快门,构造简单,但曝光不均匀。新型电子显微镜均采用电磁快门,与荧光屏密切配合,动作迅速,曝光均匀,有的还装有自动曝光装置,根据荧光屏上图像的亮度自动地确定曝光所需的时间。如果配上适当的电子线路,还可以实现拍片自动记数。电子显微镜工作时,整个电子通道都必须置于真空系统之内。新式的电子显微镜中电子枪、镜筒和照相室之间都装有气阀,各部分都可单独地抽真空和单独放气,因此,在更换灯丝、清洗镜筒和更换底片时,可以不破坏其他部分的真空状态。

5.2.2　真空系统

电子光学系统的工作过程要求在真空条件下进行,这是因为在充气条件下会发生以下情况:栅极与阳极间的空气分子电离,导致高电位差的两极之间放电;炽热灯丝迅速氧化,无法正常工作;电子与空气分子碰撞,影响成像质量;试样易于氧化,产生失真。

目前,一般电镜的真空度为 10^{-3} Pa 左右。真空泵组经常由机械泵和扩散泵两级串联而成。为了进一步提高真空度,可采用分子泵、离子泵,真空度可达到 10^{-6} Pa 或更高。

5.2.3 电源与控制系统

供电系统主要用于提供两部分电源:一是电子枪加速电子用的小电流高压电源;另一是透镜激磁用的大电流低压电源。一个稳定的电源对透射电镜非常重要,对电源的要求为:电流和高压的波动引起的透镜分辨率下降要小于物镜的极限分辨本领。

现在的透射电镜都用微机控制其使用参数和调整对中,从而使复杂的操作程序得以简化。

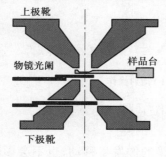

图 5.16 样品台在极靴中的位置(JEM-2010F)

5.2.4 主要附件

透射电镜的主要附件有样品倾斜装置、电子束倾斜和平移装置、消像散器和光阑。

1)样品倾斜装置

样品倾斜装置又称样品台,是位于物镜的上下极靴之间承载样品的重要部件(图 5.16),作用是承载样品,并找到合适的区域或位向,进行有效观察和分析。

目前的透射电镜通常采用的是侧插式样品台,即样品台是从极靴的侧面插入,如图 5.17 为双倾侧插式样品台的工作示意图。通过样品杆的控制,可使样品在极靴孔内平移、倾斜、同时绕 x 和 y 轴转动。

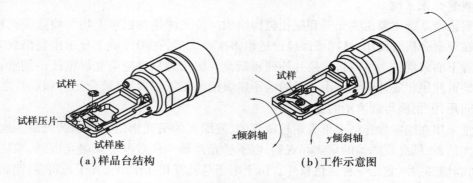

(a)样品台结构　　　　　　(b)工作示意图

图 5.17　双倾侧插式样品台的结构和工作示意图

2)电子束倾斜和平移装置

电子束倾斜和平移是通过电磁偏转器来实现的,如图 5.18 所示,电磁偏转器由上下两个偏转线圈组成,通过调节线圈中电流的大小和方向可改变电子束偏转的程度和方向。如果上偏转线圈使电子束顺时针偏转 θ 角,下偏转线圈使电子束逆时针偏转 $\theta+\beta$ 角,则电子束相对于原来的方向倾斜了 β 角,而入射点的位置不变,如图 5.18(a)所示,利用电子束原位倾斜可进行中心暗场成像操作。如果上、下偏转线圈偏转的角度相等但方向相反,电子束会进行平移运动,如图 5.18(b)所示。

3）消像散器

像散是由于电磁透镜的磁场非旋转对称（呈椭圆形）导致的。消像散器一般都安装在透镜的上下极靴之间,消像散器有机械式和电磁式两种,机械式的是在电磁透镜的磁场周围对称的放置几块位置可以调节的导磁体,用它们来吸引一部分磁场,把固有的椭圆形磁场校正成接近旋转对称的磁场。电磁式是通过磁极间的吸引和排斥来校正椭圆形磁场的,将两组四对电磁体排列在透镜磁场的外围（图 5.19）,每对电磁体均采取同极相对的安置方式。通过改变这两组电磁体的激磁强度和磁场的方向,就可以把固有的椭圆形磁场校正成旋转对称磁场,起到了消除像散的作用。

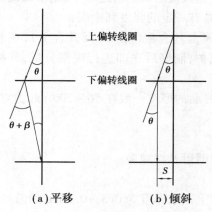

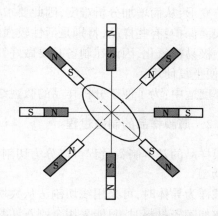

图 5.18 电子束倾斜和平移的原理图　　图 5.19 电磁式消像散器磁极分布示意图

4）光阑

光阑是带孔的无磁性的小金属片,是为挡掉发散电子,保证电子束的相干性和电子束照射所选区域而设计的。在透射电子显微镜中有三种重要的光阑:聚光镜光阑、物镜光阑和选区光阑。

聚光镜光阑的作用是限制照明孔径角,在双聚光镜系统中光阑常装在第二聚光镜的下方。物镜光阑又称衬度光阑,作用有二:一是减小孔径半角,提高成像质量;二是进行明场和暗场操作,衍射束（透射束）通过光阑孔成像时,为暗场（明场）成像操作。选区光阑又称中间镜光阑,一般放置在物镜的像平面位置,作用是让电子束通过光阑孔限定的区域,对所选区域进行衍射分析。

5.3　样　品　制　备

透射电子显微镜是利用电子束透过样品后的透射束和衍射束进行工作的,为了让电子束顺利透过样品,样品必须很薄,一般在 50 ~ 200 nm。样品的制备方法较多,常见的有两种:复型法和薄膜法。复型法是利用非晶材料将试样表面的结构和形貌复制成薄膜样品的方法,因此复型样品仅仅反映试样表面形貌,无法反映试样内部的微观结构（如晶体缺陷、晶面等）,另外由于复型材料本身的粒度限制,无法复制出比自己还小的细微结构;薄膜法是从待分析的试样中取样制成薄膜样品的方法。由于复型样品存在极大的局限性,因此下面仅介绍薄膜法制备样品。

5.3.1 基本要求

透射电子显微镜的测试样品必须很薄,但薄只是对样品的基本要求。对透射电子显微镜的测试样品可总结为以下几点:

①材质相同:从大块材料中取样,要保证薄膜样品的组织结构与大块材料相同;

②薄区要大:供电子束透过的区域要尽可能大,便于选择合适的区域进行分析;

③具有一定的强度和刚度:样品在用透射电子显微镜测试分析过程中,电子束的作用会使样品发热变形,从而增加分析难度,因此要求样品具有一定的强度和刚度;

④表面保护:有些样品,特别是活性较强的金属及其合金(如 Mg 及其合金),在制备及观察过程中极易被氧化,因此在制备时要做好气氛保护,制好后立即进行观察分析,分析后真空保存,以便重复使用;

⑤厚度适中:为了便于分析样品的微观结构,样品的厚度一般在 50 ~ 200 nm 为宜。

5.3.2 薄膜样品的制备过程

薄膜样品的基本制备过程可以分为切割、预减薄以及终减薄。

1)切割

当试样为导体时,可采用线切割法从大块试样上割取厚度为 0.3 ~ 0.5mm 的薄片;当试样为绝缘体如陶瓷材料时,只能采用金刚石切割机进行切割。

2)预减薄

预先减薄的方法有两种:机械研磨法和化学反应法。

(1)机械研磨法

机械研磨法的过程类似于金相试样的抛光,目的是消除因切割导致的样品粗糙表面,并将样品减至 100 μm 左右。一般是通过手工研磨来完成的,把切割好的薄片用黏结剂粘在样品座表面,然后在水砂纸磨盘上进行研磨减薄。在过程进行时,应注意:把样品平放,不要用力太大,并使之充分冷却(因为压力过大和温度升高都会引起样品内部组织结构发生变化);当减薄到一定程度时,用溶剂把黏结剂溶化,使样品从样品座上脱落下来,然后翻一个面再研磨;样品的厚度不应小于 100 μm,否则减薄过程中不可避免在样品中形成的损伤层会贯穿样品深度,为分析增加难度。

(2)化学反应法

化学反应法适用于金属样品,是将切割好的金属薄片浸入化学试剂中,使样品表面发生化学反应被腐蚀而继续减薄。因为合金中各组成相的活性差异,所以在进行化学减薄时,应注意减薄液的选择。表 5.1 是常用的各种化学减薄液的配方。化学减薄的速度很快,因此操作时必须动作迅速。化学减薄的最大优点是表面没有机械硬化层,薄化后样品的厚度可以控制在 20 ~ 50 μm,为进一步的终减薄提供有利条件。此外,经化学减薄后的试样应充分清洗,一般可采用丙酮、清水反复超声清洗,去除油污或其他不洁物,否则将得不到满意的结果。

表 5.1　化学减薄液的配方

材料	减薄溶液的成分 $\omega/\%$	备注
铝和铝合金	1）HCl 40% + H_2O 60% + $NiCl_2$ 5 g/L	—
	2）NaOH 200 g/L 水溶液	70 ℃
	3）H_3PO_4 60% + HNO_3 18% + H_2SO_4 18% + H_2O 4%	80～90 ℃
	4）HCl 50% + H_2O 50% + 数滴 H_2O_2	
铜	1）HNO_3 80% + H_2O 20%	—
	2）HNO_3 50% + CH_3COOH 25% + H_3PO_4 25%	
铜合金	HNO_3 40% + HCl 10% + H_3PO_4 50%	
铁和钢	1）HNO_3 30% + HCl 15% + HF 10% + H_2O 45%	热溶液
	2）HNO_3 35% + H_2O 65%	
	3）H_3PO_4 60% + H_2O_2 40%	
	4）HNO_3 33% + CH_3COOH 33% + H_2O 34%	60 ℃
	5）HNO_3 34% + H_2O_2 32% + CH_3COOH 17% + H_2O 17%	H_2O_2 用时加入
	6）HNO_3 40% + HF 10% + H_2O 50%	
	7）H_2SO_4 5%（以草酸饱和）+ H_2O 45% + H_2O_2 50%	
	8）HF 5% + H_2O 95%	H_2O_2 用时加入，若发生钝化则用稀盐酸清洗
镁和镁合金	1）稀 HCl	体积分数 2%～15%，溶剂为水或酒精，反应开始时很激烈，继之停止，表面即抛光
	2）稀 HNO_3	
	3）HNO_3 75% + H_2O 25%	
钛	1）HF 10% + H_2O 30% + H_2O_2 60%	
	2）HNO_3 20% + HF 20% + $CH_3CHOHCO_2H$ 60%	

3）终减薄

终减薄的方法通常有两种：电解双喷法和离子减薄法。

（1）电解双喷法

当试样为导电试样时，采用电解双喷法抛光减薄，其工作原理如图 5.20 所示。将预先减薄的样品剪成直径为 3 mm 的圆片，装入样品夹持器中。进行减薄时，正对样品两个表面的中心部位各有一个电解液喷嘴，从喷嘴中喷出的液柱和阴极相接，样品和阳极相接，电解液（表 5.2 列出了最常用的电解减薄液配方）是通过一个

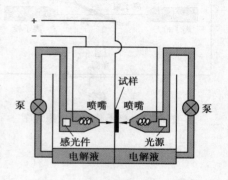

图 5.20　电解双喷装置原理图

耐酸泵来进行循环的。在两个喷嘴的轴线上还装有一对光导纤维,其中一个光导纤维和光源相接,另一个则和光敏元件相连。如果样品经抛光后中心出现小孔,光敏元件输出的电讯号就可以将抛光电路的电源切断,制备过程完成。用这样的方法制成的薄膜样品,中心孔附近有一个相当大的薄区,可以被电子束穿透,直径 3 mm 圆片的周边好似一个厚度较大的刚性支架,因为透射电子显微镜样品座的直径也是 3 mm,因此,用双喷抛光装置制备好的样品可以直接装入电镜,进行分析观察。

由于双喷抛光法工艺规范十分简单,操作方便而且稳定可靠,因此它成为现今应用最广的终减薄法。但是值得注意的是,一旦样品制成,需立即取下样品放入酒精液中漂洗多次,否则电解液会继续腐蚀薄区,损坏样品;如果不能即时上电镜观察,则需将样品放入甘油、丙酮或无水酒精中保存。

表 5.2　电解减薄液的配方

材料	电解抛光液的成分 ω/%	备注
铝和铝合金	1)$HClO_4$ 1% ～20% + 其余 C_2H_5OH 2)$HClO_4$ 8% +(C_4H_9O)CH_2CH_2OH 11% + C_2H_5OH 79% + H_2O_2 2% 3)H_3PO_4 30% + HNO_3 20% + CH_3COOH 40% + H_2O 10%	喷射抛光 -30 ～ -10 ℃ 电解抛光 15 ℃ 喷射抛光 -10 ℃
铜及其合金	1)HNO_3 33% + CH_3OH 67% 2)H_3PO_4 25% + C_2H_5OH 25% + H_2O 50%	喷射抛光或电解 抛光 10 ℃
钢	1)$HClO_4$ 2% ～10% + 其余 C_2H_5OH 2)CH_3COOH 96% + H_2O 4% + CrO_3 200 g/L	喷射抛光 -30 ～ -25 ℃ 喷射抛光 20 ℃左右
铁和不锈钢	$HClO_4$ 6% + H_2O 14% + C_2H_5OH 80%	喷射抛光
钛和钛合金	$HClO_4$ 6% +(C_4H_9O)CH_2CH_2OH 35% + C_2H_5OH 59%	喷射抛光 0 ℃

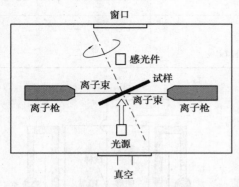

图 5.21　离子减薄装置原理图

(2)离子减薄法

离子减薄法适用于各种材料,其工作原理如图 5.21 所示,离子束在样品的两侧以一定的倾角(5°～30°)同时轰击样品,使之减薄。当试样为陶瓷、金属间化合物等脆性材料时,常先采用 dimple 仪(挖坑机)对试样中心区域挖坑减薄,然后再进行离子减薄,这样做单个试样的减薄时间一般为 1 h 左右,且薄区广泛,样品质量高。当试样为导电体时,可先对试样进行双喷减薄,再离子减薄,提高观察质量。

5.4　应用案例

杨春风等采用美国 FEI 公司的 FEI TECNAI G2 F20 型号透射电镜对 ZnS 和 ZnS/PAA 纳米粒子样品进行形貌观察,拍摄前取少量样品滴于铜网上,红外灯加热烘干。如图 5.22 所示,通过计算可知修饰前的 ZnS 纳米粒子颗粒的平均直径约 18 nm,并且出现了团聚的现象。而聚丙烯酸修饰后 ZnS/PAA 复合纳米粒子的平均直径约 28 nm,明显增大,并且分散良好。这是因为经原位聚合后丙烯酸单体在 ZnS 颗粒表面聚合成聚丙烯酸,并且包覆状态较好(粒子内部为深黑色,其组成为 ZnS 粒子,外部为浅灰色,为包覆的丙烯酸酯类共聚物),聚丙烯酸修饰后,由于其表面具有 COOH 等亲水基团,易于和水相容,使其可以在水溶液中均匀分散。

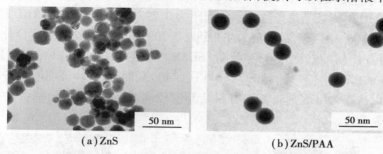

(a) ZnS　　　　　　　　　　(b) ZnS/PAA

图 5.22　纳米 ZnS 量子点和 ZnS/PAA 量子点的 TEM 图像

蔡国君等为了研究 B2(FeSi)与 DO$_3$(Fe$_3$Si)有序相,酸洗去除常化退火板表面的氧化铁皮后,使用 SK-6 管式电阻炉进行加热处理,加热至 650 ℃,保温 10 min 后,空冷至室温。经机械打磨后,采用透射电镜在暗场下利用[011]晶带轴的(200)衍射斑观察 B2 有序相的变化。制取透射试样时,先采用机械研磨至 50 μm 厚的 Φ3 mm 小薄片,再进行双喷减薄,双喷液为冰乙酸与高氯酸的混合溶液,电压为 32 V,温度为 10～15 ℃。在 TEM 暗场下观察到的高硅钢中的 B2 有序相与电子衍射谱如图 5.23 所示,其中 1# 退火板中未添加 Ce,2# 退火板中添加 Ce 的质量分数为 0.011%,两种退火板的热处理条件相同。

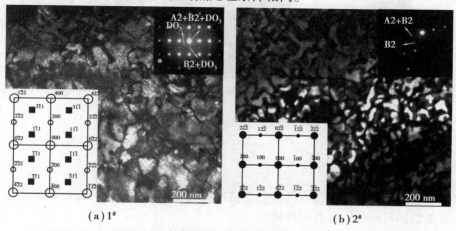

(a) 1#　　　　　　　　　　(b) 2#

图 5.23　暗场下高硅钢中的 B2 有序相与电子衍射谱

从电子衍射谱中可以反映出 A2 为 Fe-6.9% Si 钢中的无序相、B2 与 DO₃ 相的衍射斑。TEM 暗场下的基体为黑色衬度,高硅钢中的 B2 有序相为白色衬度,如图 5.23(a)所示,在[011]晶带轴下,A2、B2 与 DO₃ 相重叠于(400),(422)与(444)衍射斑中,B2 与 DO₃ 有序相重叠于(200)与(222)衍射斑中,而(111)与(311)为 DO₃ 有序相的特征衍射斑。在(200)衍射斑下的暗场中可以观察到平滑弯曲的反相畴界,1#退火板中 B2 有序相尺寸为 100~300 nm,远大于 2#退火板中的 B2 有序相尺寸(20~60 nm)。如图 5.24(b)所示,在 2#退火板的衍射谱中并未观察到 DO₃ 有序相的衍射斑。

李明伟等用 FEI Tecnai G2 F20 S-TWIN 200 kV 场发射透射电镜对 $NiMn_2O_4$ 纳米材料的微观结构进行了分析,如图 5.24 所示。图 5.24(a)、(d)分别为以尿素和氨水为沉淀剂制备的 $NiMn_2O_4$ 的 TEM 图,可以观察到以尿素为沉淀剂制备的 $NiMn_2O_4$ 为片状多孔结构,以氨水为沉淀剂制备的 $NiMn_2O_4$ 为粒状多孔结构。图 5.24(b)、(e)分别为尿素和氨水为沉淀剂的 HRTEM 图,图 5.24(b)中测量晶格条纹的平均间距为 0.297 nm,与 $NiMn_2O_4$ XRD 衍射峰的(220)晶面一致。图 5.24(e)中测量晶格条纹的间距为 0.209 nm。图 5.24(c)、(f)分别为以尿素和氨水为沉淀剂制备样品的选区电子衍射图(SEAD),从两张图中可以看出衍射环分别对应 $NiMn_2O_4$ 的 XRD 的(220)、(311)、(400)、(511)、(440)晶面,进一步证明所制备样品是多晶的 $NiMn_2O_4$。并且以尿素为沉淀剂制备的材料结晶度较高,氨水为沉淀剂制备的材料的结晶度较低。

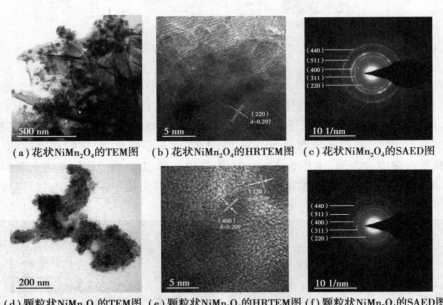

(a)花状 $NiMn_2O_4$ 的 TEM 图 (b)花状 $NiMn_2O_4$ 的 HRTEM 图 (c)花状 $NiMn_2O_4$ 的 SAED 图

(d)颗粒状 $NiMn_2O_4$ 的 TEM 图 (e)颗粒状 $NiMn_2O_4$ 的 HRTEM 图 (f)颗粒状 $NiMn_2O_4$ 的 SAED 图

图 5.24 $NiMn_2O_4$ 的 TEM 图

课后思考题

1. 什么是电磁透镜的像差?有几种?各自产生的原因是什么?是否可以消除?

2. 什么是景深与焦长?各有何作用?

3. 什么是电磁透镜的分辨本领?其影响因素有哪些?为什么电磁透镜要采用小孔径角

成像？

4. 简述点分辨率和晶格分辨率的区别与联系。

5. 透射电镜中的光阑有几种？各自的用途是什么？

6. 什么是衬度？衬度的种类有哪些？各自的应用范围是什么？

7. 制备薄膜样品的基本要求是什么？有哪些工艺过程？

8. 双喷减薄与离子减薄各适用于制备什么样品？

第 **6** 章
热分析技术

6.1 概 述

6.1.1 热分析的发展历程

1905 年德国的 Tammann 教授在《应用与无机化学学报》的一篇论文中首次提出热分析 (thermal analysis,TA)一词。然而热分析技术的发展与研究在 100 多年前就已经开始了。早在 1780 年,英国的 Higgins 使用天平研究石灰黏结剂和 CaO 受热重量变化,这是人类历史上第一次采用天平研究物质在受热环境下所发生的质量变化规律。两年之后英国人 Wedgwood 利用黏土测试出了世界上第一条热重曲线。1899 年,英国的 Roberts-Austen 用差示热电偶和参比物大大提高测定灵敏度,并测试出了电解铁的 DTA 曲线,正式发明差热分析(DTA)技术。

1915 年,日本的本多光太郎教授将天平托盘置于加热炉中研制出了"热天平"即热重法。由于其测试效率低,时间长、精确度不高,未被推广应用。直到 1945 年,首批商品化热分析天平才批量生产。19 世纪 60 年代,北京光学仪器厂生产了我国第一台商业化热天平。1964 年,美国人在 DTA 技术的基础上发明了差示扫描量热法,并生产了差示扫描量热仪,为热分析热量的定量分析研究做出了巨大贡献。1965 年,第一次国际热分析大会在英国召开,1968 年国际热分析协会(ICTA)成立,后更名为国际热分析及量热协会。

我国的热分析技术起步较晚,1979 年,中国化学热力学和热分析专业委员会成立,标志着我国热分析迈入规范化发展阶段。1970—1980 年国际上涌现出许多的热分析技术与仪器,热分析行业蓬勃发展,随着计算机及互联网技术的发展,高精度、自动化、小型轻量化及联用等目标不断实现。目前热分析技术已经发展成为方法多样、操作简单、精确度高、经济实用的有效测试手段。热分析技术被广泛应用在无机、有机、高分子化合物、冶金、地质、电器和电子用品、生物医学、石油化工、轻工等领域。

6.1.2 热分析的概念及分类

物质在加热或冷却过程中,随着其物理状态或化学状态的变化,通常伴有相应的热力学性质(热熔、比热、导热系数等)或其他性质(质量、力学、声学、光学、电学、磁学性质等)的变化,因而通过对某些性质(参数)的测定,可以分析研究物质的物理、化学变化过程,由此进一步研究物质的结构和性能之间的关系,研究反应规律、制定工艺条件等。实际上,热分析是根据物质的温度变化所引起的性能变化来确定状态变化的一类技术。在热分析过程中,物质在一定温度范围内发生变化,包括与周围环境作用而经历的物理变化和化学变化,诸如释放出结晶水和挥发性物质,热量的吸收或释放,某些变化还涉及物质的增重或失重,发生热-力学变化和热物理性质和电学性质变化等。

因此,热分析法的核心是研究物质在受热或冷却时产生的物理和化学的变迁速率与温度及其能量和质量变化。热分析是指在程序控温和规定气氛下测量物质某种物理性质与温度和时间关系的一类技术。程序控温包括线性升(降)温、恒温、循环、非线性升(降)温、温度的对数及倒数程序;热分析所测的物理量主要是指热学、力学、光学、电学、磁学、声学等方面的性能;在热分析时规定的气氛包括还原性、氧化性、惰性或空气;热分析所测试内容是物理量随温度的变化;用于热分析测试的试样可以是样品本身、反应产物或反应的中间产物。

热分析技术有多种实验方法,根据其所测物理性能的不同共分为 9 大类,具体包括 17 种方法,详见表 6.1。常用的有热重法(thermogravimetry,TG)、微商热重法(derivative thermogravimetry,DTG)、差热分析(differential thermal analysis,DTA)、差示扫描量热法(differential scanning calorimetry,DSC)、热膨胀法(termodilatometry,TD)和热机械分析(thermomechanical analysis,TMA)6 种方法,其中差热分析、差示扫描量热法和热重分析法占热分析技术总应用量的 75% 以上。

表 6.1　热分析方法的分类

物理量	方法名称	英文全称	简称
质量	热重	thermogravimetry	TG
	微商热重法	derivative thermogravimetry	DTG
	等压质量变化测定	isobaric mass-change determination	—
	逸出气体检测	evolved gas detection	EGD
	逸出气体分析	evolved gas analysis	EGA
	放射热分析	emanation thermal analysis	
磁学性质	热磁学法	thermomagnetometry	
电学性质	热电学法	thermoelectrometry	
光学性质	热光学法	thermophotometry	
声学性质	热发声法	thermosonimetry	
	热传声法	thermoacoustimetry	
机械性质	热机械分析	thermomechanical analysis	TMA
	动态热机械分析	dynamic thermomechanical analysis	DMA

续表

物理量	方法名称	英文全称	简称
尺寸	热膨胀法	thermodilatometry	TD
热量	差示扫描量热法	differential scanning calorimetry	DSC
温度	差热分析	differential thermal analysis	DTA
	定量差热分析	quantitative differential thermal analysis	QDTA

6.1.3 热分析的特征

热分析技术应用非常广泛,在很多领域都有较好的应用;与其他测试方法相比,热分析技术可在动态条件下快速研究物质的热特性,这一特性可以更好地为反应机理、过程、力学性能变化等研究提供技术支持;方法技术多样,热分析涵盖了 9 类 17 种方法;与其他技术联用性好,对于多组分试样的热分析曲线解释比较困难。目前,大多采用热分析与其他仪器串接或间歇联用的方法,常用气相色谱仪、质谱仪、IR、XRD 等对逸出气体和固体残留物进行连续或间断,在线或离线分析,从而推断出反应机理;热分析技术是对各类物质在很宽的温度范围内进行定性或定量表征极为有效的手段(如 DTA 可测 −190 ~ 2 400 ℃),可使用各种温度程序,对样品的物理状态无特殊要求,所需样品量很少,一般为 0.1 μg ~ 10 mg;仪器灵敏度高(质量变化的精确度达 10^{-5} mg),可与其他技术联用获取物质的多种信息。

6.1.4 热分析的应用

热分析技术发展至今,以其独特的特性和优点广泛应用在很多领域。采用热分析技术可以测量物质的相转变、熔融、凝固、吸附、解吸、裂解、氧化还原、相图绘制、纯度测定、热固化、软化温度、晶态转变、比热测定、耐热性测定、升华和蒸发速率测定、膨胀系数、黏度、黏弹性、组分分析、催化反应、液晶、脱水、居里点转变、玻璃化转变、比热容、聚合、固化、热化学常数、热稳定性和动力学参数等。另外热分析还可以用于煤、能源、地球化学、生物化学、海水淡化等领域的相关研究工作。

目前热分析广泛应用在无机非金属材料、医药卫生、高分子材料等领域。如玻璃、陶瓷、水泥、黏土、矿物、塑料、橡胶、纤维、颜料、染料、胶黏剂、食品、洗涤剂、化妆品、医药、火药等材料的质检与性能分析。

6.2 差热分析及差示扫描量热法

DTA 是在程序控温下,测量物质与参比物之间的温差随温度变化的一种技术。DSC 是在程序控温下,测量保持样品与参比物温度恒定时输入样品与参比物的功率差与温度关系的一种技术。以上两种技术都是测定物质在不同温度下发生的热变化。物质在受热或冷却过程中发生的物理变化和化学变化伴随着吸热和放热现象。DTA 和 DSC 不反映物质是否发生质量变化,只反映在某温度下物质发生反应的热效应,不能确定反应的实质。产生吸热反应的过程包括晶体熔融、升华、化学吸附、蒸发、二次相变、气态还原和结晶水的失去等;而放热反应主要发生在气体吸附、结晶、氧化降解和爆炸过程中。部分物理化学过程可能发生吸热也可能发生放热现象,如固态反应、化学分解、氧化还原、晶型转变等。

差热分析是研究物质在加热(或冷却)过程中发生各种物理变化和化学变化的重要手段。DTA 对于加热或冷却过程中物质的失水、分解、相变、氧化、还原、升华、熔融、晶格破坏及重建等物理化学现象能精确地测定,所以被广泛应用于材料、地质、冶金、石油、化工等领域的科研及生产中。差示扫描量热法是在差热分析的基础上发展而成,其主要特点是分辨能力强和灵敏度高,使用温度范围较宽。它不仅涵盖了差热分析的一般功能,而且可定量地测定各种热力学、动力学参数(如热熔、熵、比热等),在材料应用科学和理论研究中获得广泛应用。

6.2.1 DTA 和 DSC 的基本原理

物质在加热或冷却过程中会发生物理化学变化,与此同时,往往伴随吸热或放热现象。伴随热效应的变化,同时会发生晶型转变、升华、熔融等物理变化,以及氧化、还原、分解等化学变化。另有一些物理变化如玻璃化转变,虽无热效应发生,但比热容等某些物理性质也会发生改变。物质发生熔变时质量不一定改变,但温度必定变化。把试样和参比物置放在同样的热条件下进行加热或冷却,试样在某一特定温度下会发生物理化学反应引起热效应,图6.1 是 DTA 原理示意图。试样和参比物采用加热炉实现温度的变化,测试时一路信号记录试样温度的变化,一路信号记录试样与参比物之间的温差变化,二者均采用电压信号记录下来。通过差热放大器放大处理,由相应软件记录并绘制 DTA 测试曲线。

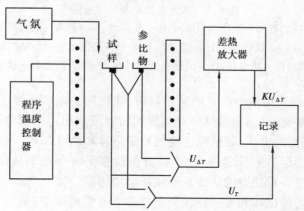

图 6.1 差热分析原理示意图

DTA 分析仪分为可在 $-190 \sim 2\,400$ ℃和极限压强从 1.33×10^{-4} Pa 到几百个大气压下工作的各种仪器。DTA 仅能测定试样与参比物之间的温差,其大小和吸放热熔有关,但 DTA 测量不出热效应的熔变。

差热分析过程中试样在产生热效应时,升温速率是非线性的,从而使校正系数 K 值变化,难以进行定量;当试样产生热效应时,由于与参比物、环境的温度有较大差异,三者之间会发生热交换,降低了对热效应测量的灵敏度和精确度,因此差热分析技术难以进行定量分析,只能进行定性或半定量分析。鉴于 DTA 技术的缺陷和不足,热分析领域发展了 DSC。这种方法对试样产生的热效应能及时得到应有的补偿,使试样与参比物之间无温差和热交换,试样升温速度始终随炉温线性升高,保证了校正系数 K 值恒定。测量灵敏度和精度大大提高。

常用的 DSC 有热流式和功率补偿式两种。热流式 DSC 又称定量 DTA,是将感温元件由样品内改放到外边,但紧靠着试样和参比物,以消除试样热阻随温度变化的影响,而仪器热阻的变化在整个测试温度范围内是可测的,导致在试样和感温元件间出现一个热滞后。由于高温时试样和周围环境的温差较大,热量损失较大,故在等速升温的同时,仪器自动改变差热放大器的放大倍数,以补偿因温度变化对试样热效应测量的影响。图 6.2 为热流式 DSC 设计原理图。热流式 DSC 分析仪可以定量地测定热效应。

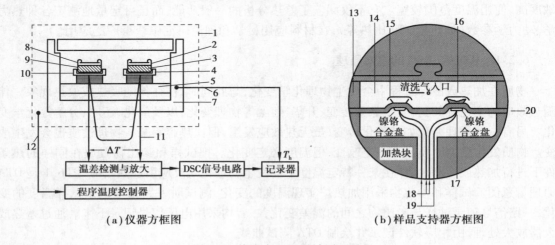

图 6.2 热流式 DSC 设计原理图

1—电炉;2,8—容器;3—参比物(R);4,10—支持器;5—散热片;6,12—测温热电偶;
7—金属均温块;9—试样(S);11—温差热电偶;13—银圈;14—样品室;15—参比皿;
16—试样皿;17—热电偶;18—铝镁合金丝;19—铬镍合金丝;20—康铜合金片

功率补偿式 DSC 是采用两个独立的量热器皿,在相同的温度环境下,以热量补偿的方式保持两个量热器皿的平衡,从而测量试样对热能的吸收或放出。由于两个量热器皿均放在程控温度下,采取封闭回路的形式,能精确迅速地测定热容和热焓。

图 6.3 为功率补偿型 DSC 示意图,比差热分析仪多了一个功率补偿放大器,且试样容器与参比物容器下增加了各自独立的热敏元件和补偿加热器。整个仪器由两个控制系统进行监控,其中一个控制温度,使试样和参比物在预定速率下升温或降温;另一个控制系统用于补偿试样和参比物之间所产生的温差,即当试样由于热反应而出现温差时,通过补偿控制系统使流入补偿加热丝的电流发生变化。例如,热分析过程中,当试样发生吸热时,补偿系统流入试样一侧加热丝的电流增大;而试样放热时,补偿系统则流入参比物一侧加热丝的电流增大。直至试样和参比物二者热量平衡,保持温度相等, $\Delta T = 0$(零点平衡)。补偿的能量就是试样吸收或放出的能量。

功率补偿式 DSC 的试样和参比物分别具有独立的加热器和传感器。整个仪器由两套控制电路进行监控。一套控制温度,使试样和参比物以预定的速率升温,另一套用来补偿二者之间的温度差。无论试样产生任何热效应,试样和参比物都处于动态零位平衡状态,即二者之间的温度差 ΔT 始终等于 0。这也是 DSC 和 DTA 技术最本质的区别。

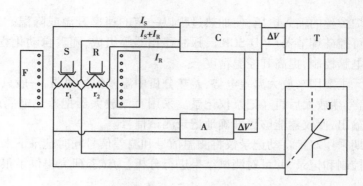

图 6.3　功率补偿型差示扫描量热仪示意图
S—试样；R—参比物；C—差动热量补偿器；T—量程转换器；
J—记录器；A—微伏放大器；r_1、r_2—补偿加热丝；F—电炉

6.2.2　DTA 和 DSC 的仪器构造

差示扫描量热仪是差热分析仪的改进版，在此仅介绍 DTA 的仪器结构。DTA 仪器由加热炉、炉温控制器、微伏放大器、记录与数据处理器组成。

加热炉的作用是加热试样，按照电炉加热的炉温可分为低温加热炉（150～250 ℃）、普通加热炉、超高温加热炉，一般在氧化气氛（自然空气）条件下，1 800 ℃以上的高温电炉称为超高温电炉；按照电炉的结构又分为立式和卧式两种。电炉的炉芯管及发热体材料，根据使用温度、气氛等条件，可选用不同的材质，表 6.2 是加热炉常用的发热体及炉芯管材料。新型的差热分析仪采用红外线加热，通过反射镜使红外线聚焦到样品支撑器上，可实现快速升温，只需几分钟就可使炉温升到 1 500 ℃，适用于恒温测量。

表 6.2　加热炉常用的发热体及炉芯管材料

发热体材料	常用温度范围/℃	最高使用温度/℃	炉芯管材料
镍铬丝	900～1 000	1 100	耐火黏土管材
康铜丝	1 200	1 300	耐火黏土管材
铂丝	1 350～1 400	1 500	刚玉质材料
铂铑丝	1 400～1 500	1 600	刚玉质材料
硅碳棒	1 300	1 400	硅碳棒管材兼做发热体
钨丝	<2 000	2 800	钨管兼做发热体

炉子的核心部件是样品支持器，由试样和参比物容器、热电偶与支架等组成。控温、放大后的信号记录与数据处理由计算机控制。试样支撑-测量系统有热电偶、坩埚、支撑杆、均热板几部分组成。其中热电偶是其关键性元件，既是测温工具，又是信号传输工具，可根据试验要求选择。

炉子控制器是炉子温度变化实现程序控制的系统，在差示扫描量热仪中至关重要。利用

111

调压器控制加热炉炉丝的输入电压,使加热过程以一定的速率升温或降温。它一般由定值装置、调节放大器、可控硅调节器(PID-SCR)、脉冲移相器等组成,随着自动化程度的不断提高,大多数已改为微电脑控制,提高其控温精度。

差热放大单元主要用来放大温差电势,差热分析中温差信号很弱,一般只有几微伏到几十微伏,因此差热信号须放大后再经记录仪记录。采用直流放大器把差热电偶产生的微弱温差电势放大、增幅、输出,使仪器能够更准确地记录测试信号。

记录单元早期采用双笔自动记录仪将测温信号和温差信号同时记录下来。目前已能使用计算机进行自动控制和记录,并可对测试结果进行分析,为试验研究提供了很大方便。

6.2.3 影响 DTA 和 DSC 曲线的因素

差热分析是一种动态技术,测试结果有一定的误差,要想获得精确的结果并不容易。由 DTA 和 DSC 曲线测定的主要物理量是物质发生热效应和结束的温度、峰顶温度、峰面积以及通过定量计算测定转变(或反应)物质的量或相应的转变热。这些数据的测试过程受多方面因素影响,文献指出影响 DTA 和 DSC 曲线的因素很多,主要包括仪器因素、操作因素和样品因素三方面,仪器因素和操作因素属于外因,样品因素为内因,各因素又存在诸多子因素。这些因素的影响并不是孤立存在的,而是互相联系,有些甚至还是互相制约的。因此在进行差热分析时必须严格控制实验条件,注意实验条件对实验数据的影响,并且在数据表征与分析时应标明测试的实验条件。

1)仪器因素

影响 DTA 和 DSC 曲线的仪器方面主要包括炉子的结构、均温块、样品支持器、热电偶和测试坩埚等。仪器因素属于测试本身存在的固有误差,这类误差的差异主要源于仪器设计的不同。

(1)炉子的结构与尺寸

在测试过程中试样和参比物是否放在同一容器内、热电偶置于试样坩埚的内侧或外侧、炉子采用内加热还是外加热、加热池及环境的结构几何因素等,均对 DTA 或 DSC 的测量结果有较大影响。因此不同仪器测得的结果差别较大,甚至同仪器的重复性也不理想。因此在设计炉子时应综合考虑多种因素,使其结构尽可能合理,以得到好的分析结果。

(2)均温块

均温块的作用是传热给测试样品,是影响基线好坏的重要因素,均温区好,基线平直,检测性能稳定。目前均温块使用的材料主要有镍、铝、银、镍铬钢、铂等金属和刚玉之类的陶瓷材料。在 $20 \sim 1\,000\ ^{\circ}\mathrm{C}$ 的温度范围内,材料的热导率和热辐射系数对均温块体与支持器材料同样重要,特别是处于靠辐射传热的温度范围。低热导率的陶瓷均温块对吸热效应分辨得更好,而对放热效应,金属均温块分辨率更高。陶瓷在较低温度更灵敏,而金属块体是在高温才可以。

(3)样品支持器

DTA 和 DSC 曲线的形状受到热从热源向样品传递和反应性样品内部放出或吸收热量速率的影响,故支持器在 DTA 试验中起着极重要的作用。低扩散系数均温型支持器会引起 DTA 峰越过零基线,从而产生放热峰和吸热峰紧挨着出现的现象。

（4）热电偶

热电偶的位置与形状会影响 DTA 曲线的准确性。目前使用的多为平板式热电偶,置于测试坩埚底部,比放于测试坩埚中的结点球形热电偶具有更好的重复性。热电偶应对称地固定在圆柱形测试坩埚的中心,可使所得的 DTA 峰最大且准确,位置不当时会使曲线产生各种畸变。

（5）测试坩埚

目前测试坩埚大多采用金属 Al、Ni、Pt 及无机材料如陶瓷、石英或玻璃等制成。测试坩埚的材质与形状对测试结果均有影响。制备坩埚的材料在测试温度范围内必须保持物理与化学惰性,自身不发生各种物理与化学变化,对试样、中间产物、最终产物、气氛、参比物也不能有化学活性或催化作用。在使用测试坩埚时应根据试样的测温范围与反应特点,选择合适材质的坩埚。另外测试坩埚的大小、重量、几何形状及使用后遗留的残余物的清洗程度对分析结果均有影响。常用的坩埚多为圆柱形。

2）操作因素

在 DTA 和 DSC 曲线测试过程中,操作人员所选取的实验条件对 DTA 和 DSC 测试结果影响较大,选择适宜的操作条件对准确测试出 DTA 和 DSC 曲线至关重要。操作条件主要包括参比物和稀释剂、升温速率、气体状态（化学活性、流速和压强等）以及量程选择等方面。

（1）参比物和稀释剂

参比物是指在一定温度下不发生分解、相变、破坏的物质,是在热分析过程中起着与被测试样相比较作用的标准物质。

参比物的基本条件是在测试温度范围内,需保持物理与化学状态不变,除热熔升温吸热外,不得有任何热效应;参比物的热熔、导热系数是否与试样接近。常用的有 α-Al$_2$O$_3$（经 1 450 ℃ 以上煅烧 2 ~ 3 h 的氧化铝粉）、MgO 及纯高岭土熟料（经 1 200 ℃ 左右煅烧的纯高岭土）等。另外参比物的用量、装填方式、颗粒大小、比热容、导热系数等尽可能于试样相近。

有时样品的 DTA 和 DSC 曲线的基线随测试温度的升高产生较大偏移、出现虚假峰或极不对称的峰形,此时可在样品中加入稀释剂以调节其热传导率,达到改善基线的目的。常用的稀释剂为参比物,因为这样才能保证样品与参比物的热熔最接近,使基线更接近水平。另外,稀释剂还可防止样品烧结,改变样品与环境之间的接触状态,并进行特殊的微量分析。

（2）升温速率（β）

差热分析是一个热动力过程,试样需在一定的温度条件下才能进行热反应,热反应的进行与单位时间内供给试样的热量及试样本身的传热性质、反应速度等有关。目前大多差示扫描量热仪的 β 范围在 0.1 ~ 500 ℃/min,常用范围为 5 ~ 20 ℃/min,最常用速率为 10 ℃/min。升温速率主要会影响差热曲线的峰形（面积）与峰位,对相邻峰的分辨率也有一定影响。一般升温速率大,峰位越向高温方向迁移,峰形越陡。β 越大,则 dH/dt 越大,即单位时间产生的热效应大,产生的温差也越大,峰越高;由于 β 增大,热惯性也越大,峰顶温度也越高。另外,曲线形状也有很大变化。提高 β 会使峰温线性增高、峰面积增大、曲线

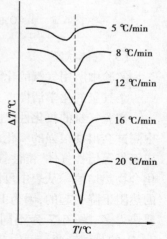

图 6.4　高岭土的 DTA 曲线

峰形更陡峭、使小的温度转变被掩盖、影响临峰的分辨率。表 6.3 为不同升温速率下测试的己二酸固-液相变,其起始温度随着 β 升高而下降。图 6.4 为不同升温速率下所测试的高岭土 DTA 曲线,从图 6.3 可以看出,升温速率越大,峰形越尖,峰高增加,峰顶温度也越高。在测试 DTA 和 DSC 曲线时一般样品 β 越小越好,但 β 越小测试效率越低;热效应很小的转变或样品量极少的情况,β 越大测试结果的灵敏度反而越高。图 6.5 为不同升温速率下所测试的 $MnCO_3$ DTA 曲线,从图中可以看出升温速率过小,差热峰的峰形变圆变低,区域扁平化,甚至消失。图 6.6 为并四苯的 DTA 曲线,从图中可以看出较慢的升温条件下曲线上有两个明显的吸热峰,较快的升温速率会使两相邻峰完全重合,分辨率下降。

表 6.3 不同升温速率下己二酸起始温度

升温速率/(℃·min⁻¹)	起始温度/℃
0.01	148.22
0.08	145.91
0.32	144.34

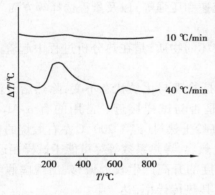

图 6.5 $MnCO_3$ 的 DTA 曲线

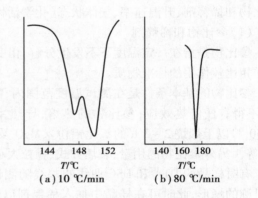

(a) 10 ℃/min (b) 80 ℃/min

图 6.6 并四苯的 DTA 曲线

(3)气体状态

实验中所用气氛的化学活性、流动状态、流速、压强等均会影响测试结果。

①气氛的化学活性。

实验气氛的氧化性、还原性、惰性对 DTA 曲线影响很大。如可被氧化的样品在空气或 O_2 中测试会出现很强的氧化放热峰,影响数据的准确性。对于易氧化的试样,分析时可通入氮气或氦气等惰性气体,惰性气氛并不参与试样的变化过程。表 6.4 为不同气氛下所测试的不同化合物热焓值。从表中可以看出,氩气和氦气比其他气氛下要低,这是由于炉壁和试样盘之间的热阻下降引起的,因为 He 的热导率约是空气的 5 倍,温度响应较慢,而在真空中温度响应要快得多。图 6.7 为不同气氛下 $SrCO_3$ 热分解过程 DTA 曲线。在一氧化碳和氧气气氛中 $SrCO_3$ 的晶型转变温度(立方→六方)不变(第一个峰),但热分解峰会提高。

表6.4　不同化合物在氮气和其他气体中的热焓值

化合物	氮气下的热焓/$(J \cdot g^{-1})$	其他气氛下的热焓/$(J \cdot g^{-1})$
己二酸	102.81	248.19
萘唑啉硝酸盐	44.7	99.07
硝酸钾	20.48	51.2
含2个结晶水的柠檬酸	161.33	372.68

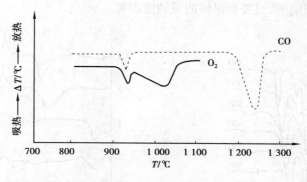

图6.7　不同气氛下 $SrCO_3$ 的 DTA 曲线

②气氛的流动性、流速和压强。

气氛和压强可以影响试样化学反应和物理变化的平衡温度、峰形,分析时必须根据试样的性质选择适当的气氛和压强。

气氛分为静态(封闭系统)和动态(以一定流速经过炉子)气氛两种方式。静态气氛会阻碍有气体产物产生的样品的反应速度,一般采用动态气氛。气氛流动状态主要影响可逆的固体热分解反应,而对不可逆的固体热分解反应影响不大。

气体流速的大小会影响 DTA 曲线的形状,增大气流速度会带走部分热量,对 DTA 曲线的温度和峰的大小有影响。

高压 DTA 的压强范围为 1～10 MPa,压强由纯 O_2、N_2、H_2、CO_2 等产生,气体压强对有气体产生的反应有较大影响,增大压强会使转变温度升高。不涉及气相的物理变化,如晶型转变、熔融、结晶等,转变前后体积变化不大,压强对差热曲线的影响很小,峰温基本不变。对于化学反应或物理变化要放出或消耗气体的,如热分解、升华、脱水、氧化等,压强对平衡温度有明显的影响,差热曲线的峰温变化较大。其峰温移动的程度与过程的热效应有关。当外界压强增大时,试样的分解、扩散速度均降低,使热反应的温度向高温方向移动;当外界压强降低或抽真空时,试样的分解、扩散速度将加快,使热反应的温度向低温方向移动。如图6.8和图6.9所示,不同压强条件下所测试的同一物质 DTA 曲线差异较大。

(4)测试量程

为了 DTA 和 DSC 曲线能得到最好的峰形,必须选择合适的纵、横坐标量程,即灵敏度与走纸速度的选择。灵敏度是指记录仪的满刻度量程,改变灵敏度即改变差热电偶或功率补偿系统的放大倍数。灵敏度过大,会使峰过高以致超过满刻度量程而出现平头峰,并增大噪声的影响,而产生虚假的峰,给温度的标定和面积的计算均带来困难;反之则使得到的峰过小,而将许多反应细节掩蔽掉。合适的灵敏度应使所测的最大峰不超过 1/2 量程为宜,这样当基线处于中间时,可使吸、放热峰均能得到较大的峰。如选择的灵敏度使最大峰高超过 1/2 量程,可通过调整基线位置,即放热时将基线移向吸热方向,吸热时把基线移向放热方向,从而使吸、放热过程均得到更大的峰。走纸速度应与升温速率相匹配,即升温速率快时,走纸速度加快;升温速率降低几倍,走纸速度尽可能下降相同的倍数,这样不同升温速率所得到的峰的横坐标才尽可能一致,以便比较。过快的走纸速度会使峰扁平,过慢的走纸速度会使峰过于尖锐。故灵敏度、走纸速度的选择应与升温速率一同考虑。当然,对于完全由计算机控制的仪器,由于其纵、横坐标均可放大与缩小,只要有足够的灵敏度即可。

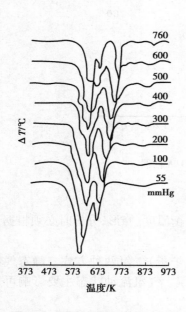

图 6.8 不同压强下 $PbCO_3$ 于 CO_2
气氛中的 DTA 曲线

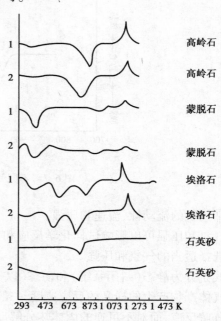

图 6.9 压强对 DTA 曲线的影响
1. 空气;2. 真空

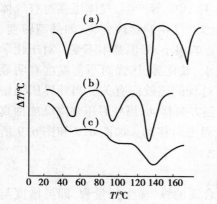

图 6.10 不同用量 NH_4NO_3 的 DTA 曲线
(a)5 mg;(b)50 mg;(c)5 g

3)样品因素

样品是测试的主体,样品的状况(用量的多少、颗粒的大小以及装样的松与紧)对 DTA 和 DSC 曲线会有很大的影响,导致数据失真。

(1)样品量

试样用量过多会使其内部热传导迟缓,温度梯度大,热效应产生的时间延长,温度范围扩大,差热峰的峰形扩大(更宽、更圆滑)。试样用量过多,还易使相邻两峰重叠,曲线分辨率下降。试样用量少,曲线出峰明显、分辨率高,基线漂移也小,且对仪器灵敏度的要求也高。但如果试样量过少,会使本来就很小的峰消失,在试样均匀性较差时,还会使实验结果缺乏代表性。不同用量的同一试样特征温度可相差几十度。

在保证灵敏度的前提下,试样量应尽可能少,通常 10 ~ 30 mg,以减少试样温度梯度带来的热滞后使峰形扩张,分辨率降低,峰温高移。含结晶水试样的脱水反应,过多的样品会在坩埚上部形成一层水蒸气,使转变温度大大上升。图 6.10 是 NH_4NO_3 的 DTA 曲线,从图中可以看出不同用量条件下所测的 DTA 曲线峰形、峰数、峰面积以及峰的位置均有较大差异。

表 6.5 为分别采用 2,5,8 mg 试样量条件下所测得的 NH_4NO_3 相变温度和热焓值,从表中可以看出不同试样量条件下测试的结果存在较大的差异,在测试物质 DTA 和 DSC 曲线时应选择合适的试样用量,避免误差的测试。

表 6.5　不同试样量条件下所测 NH_4NO_3 相变温度和热焓

试样用量/mg	相变	峰温/K	相变热焓/(kJ·mol^{-1})
2		328.517	1.801 0
5	IV-III	328.946	1.806 5
8		329.069	1.845 6
2		403.654	4.372 2
5	II-I	405.092	4.410 5
8		405.028	4.417 4

(2)样品粒度

样品的粒度和颗粒分布对峰面积和峰温度均有一定影响。一般粒径越小,反应峰面积越大,因为小粒子比大粒子更容易反应,其比表面积和缺陷更大,反应活性部位更多,反应速率快。粒度过大时,容易受热不均,曲线上峰温偏高,反应温度范围大,峰呈现扁平化。但对易分解产生气体的样品,过小的粒径,使颗粒间空隙减小,分解产生的气体逸出时间延长,使峰温高移,峰形扩张,测试时样品粒度应稍大些。差热分析所用试样应符合一定要求:粉末试样的粒度一般在 100 ~ 300 目,聚合物应切成碎块或薄片,纤维状试样应切成小段或制成球粒状,金属试样应加工成小圆片或小块等。

图 6.11 是 $CuSO_4 \cdot 5H_2O$ 的 DTA 曲线,图 6.11(a)的粒度最大,三个峰重叠;图 6.11(b)的粒度适中,三个峰可以明显区分;图 6.11(c)的试样粒度过小,三个峰又发生重叠,只出现两个峰。图 6.12 是不同粒度的高岭石的 DTA 曲线,从图中可以看出粒度较大时,峰温偏高,温度范围大;随着试样粒度的细化,失去结构水和相变产生的热峰均变小。图 6.13 是硝酸银的 DTA 曲线,从图中可以看出不同研磨条件下所制备的硝酸银因粒径不同对 DTA 曲线有较大影响,测试时试样要尽量均匀,最好过筛。

(3)样品填装方式

DTA 和 DSC 曲线峰面积与样品的热导率成反比,而热导率和样品颗粒的大小及填装的疏密程度有关。填装密度影响扩散速度和传热,从而影响曲线形态。接触越紧密,热传导越好,数据较为可靠。填装过于疏松,反应速度减慢,使邻近峰合并,分辨率下降,数据失真,一般采用紧密填装。然而,如果样品中存在有热分解产生气体时,试样的填装松紧程度会影响热分解气体产物向周围介质空间的扩散和试样与气氛的接触,从而使曲线变形,数据失真,此时填装

117

应适当松散,如 $CaCO_3$ 等。

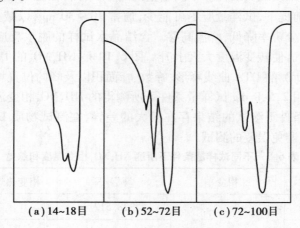

(a)14~18目　　(b)52~72目　　(c)72~100目

图 6.11　不同粒径 $CuSO_4 \cdot 5H_2O$ 的 DTA 曲线

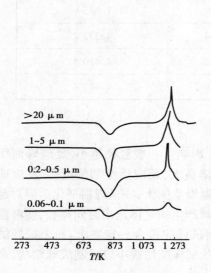

图 6.12　不同粒度高岭石的 DTA 曲线

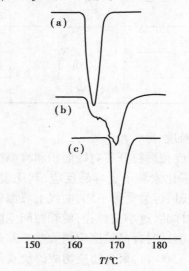

图 6.13　硝酸银的 DTA 曲线
(a)原始试样;(b)稍微粉碎的试样;(c)仔细研磨的试样

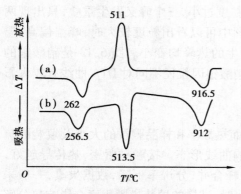

图 6.14　含水草酸钙 DTA 曲线
(a)填装较疏松;(b)填装较实

含水草酸钙 $CaC_2O_4 \cdot H_2O$ 分解的第二步失去 CO 的反应,即

$$CaC_2O_4 \longrightarrow CaCO_3 + CO \qquad (6.1)$$

如图 6.14 所示,当介质为空气时,如填装较疏松,有较充分的氧化气氛,DTA 曲线如图 6.14(a)中在 511 ℃ 处呈现的是 CO 的氧化所产生的放热峰,即 $2CO + O_2 = 2CO_2$。如装样较实,处于缺氧状态,曲线如图 6.14(b)中呈现了吸热峰。对于含水草酸钙的分解,这一步反应的吸、放热现象与试样的装填情况有关,总的来说,如果其分解所需的能量小于 CO 氧化

放出的能量,则表现为放热效应,反之为吸热。

6.2.4 DTA 和 DSC 曲线解析

在测试过程中随着温度的增加,试样产生了热效应,与参比物间的温差变大,在 DTA 曲线中表现为峰、谷。温差越大,峰、谷越大,试样发生变化的次数多,峰、谷的数目也多,所以各种吸热峰和放热峰的个数、形状和位置与相应的温度可用来定性地鉴定所测物质,而其面积与热量的变化有关。

利用 DTA 来研究物质的变化,首先要对 DTA 曲线上每一个峰、谷进行解释,即根据物质在加热过程中所产生峰和谷的吸热、放热性质,出峰温度和峰、谷形态来分析峰、谷产生的原因。复杂矿物的 DTA 曲线比较复杂,有时不能对所有峰、谷做出合理的解释。在进行较复杂试样的 DTA 分析时要结合试样来源,影响 DTA 曲线形态的因素。DTA 曲线的纵坐标代表温差ΔT,吸热过程是一个向下的峰,放热过程是一个向上的峰。横坐标代表时间或温度。DSC 曲线与 DTA 曲线相似,仅对纵坐标进行了数学上的转换而已。DSC 曲线的峰向上表示吸热,向下表示放热,DSC 曲线峰包围的面积正比于反应热焓的变化。

1)矿物脱水

几乎所有矿物都有脱水现象,脱水时产生吸热效应,在 DTA 曲线上表现为吸热峰,在 1 000 ℃以内都可能出现,脱水温度及峰谷形态与水的类型、水的多少和物质的结构有关。表 6.6 是各种矿物 DTA 曲线上脱水反应峰出现的位置。

表 6.6 各种矿物 DTA 曲线上脱水反应峰的位置

矿物水类型	脱水温度	备注
普通吸附水	100～110 ℃	—
层状硅酸盐结构层中的层间水	400 ℃以下	—
胶体矿物中的胶体水	400 ℃以下	—
矿物晶格中的结晶水	500 ℃以下	分阶段脱水,DTA 曲线上有脱水峰
结构水	450 ℃以上	—

2)反应类型判断

矿物分解放出气体的过程一般属于吸热反应出现吸热峰;氧化反应一般属于放热现象,出现放热峰;非晶态物质转变为晶态物质的过程一般发生放热反应;而晶型转变时由低温变体向高温变体转变发生吸热反应,非平衡态晶体的转变属于放热效应。

3)DTA 曲线上转变点的确定

在相同的测试条件下,许多物质的差热曲线具有特征性,即一定的物质就有一定的差热峰的数目、位置、方向、峰温等,可通过与已知谱图的比较来鉴别样品的种类、相变温度、热效应等物理化学性质。正因为如此,差热曲线中转变点(反应温度的起始点、终点)的确定十分重要。

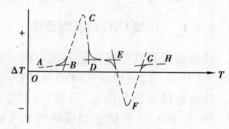

图 6.15 外推法确定差热曲线上的转变点

DTA 曲线开始偏离基线那点的切线与曲线最大斜率切线的交点最接近于热力学的平衡温度,因此用外推法确定此点为差热曲线上反应温度的起始点或转变点。外推法既可以确定反应起始点(图 6.15 中 B 点和 E 点),也可以确定反应终止点(图 6.15 中 D 点和 G 点)。实际的差热曲线比较复杂,随着实验条件的变化,峰形和峰位亦产生相应的变化,造成差热曲线解释的困难。因此,正确解释差热曲线除了最简单的体系外,必须与其他的方法相配合。

峰宽是指曲线离开基线又回到基线两点间的距离或温度间距;峰高表示试样和参比物之间的最大温差,指峰顶至内插基线间的垂直距离;峰温是指峰顶对应的温度,无严格的物理意义,既不代表反应的终止温度,也不代表最大的反应速率,它仅表示试样和参比物温差最大的一点对应的温度,而该点的位置受试样条件影响较大,故峰温一般不能作为鉴定物质的特征温度,仅在试样条件相同时可作相对比较。

4)DSC 峰面积的确定

DSC 曲线上峰的面积反映了物质热效应的大小,面积与反应热熔成正比,因此 DSC 峰面积的确定直接影响分析结果的可靠性。一般来讲,确定 DSC 峰界限有以下四种方法:

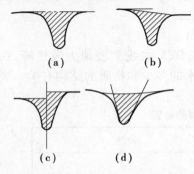

①峰前后基线在一直线上,取基线连线作为峰底线,图 6.16(a);

②峰前后基线不一致时,取前、后基线延长线与峰前、后沿交点的连线作为峰底线,图 6.16(b);

③峰前后基线不一致,也可过峰顶作纵坐标平行线。与峰前、后基线延长线相交,以此台阶形折线作为峰底线,图 6.16(c);

④峰前后基线不一致,还可以作峰前、后沿最大斜率点切线,分别交于前、后基线延长线,连接两交点组成峰底线,图 6.16(d)。

图 6.16　DSC 曲线峰界限的确定

6.3　热重与微商热重法

热重分析是应用最早的热分析技术,是在程序控制温度条件下,测量物质质量与温度关系的一种热分析方法。物质在加热、冷却过程中,除产生热效应外,往往有质量变化,变化的大小及出现变化的温度与物质的化学组成与结构密切相关,如分解、升华、氧化、还原、吸附、蒸发等。例如黏土类矿物在加热过程中排除水分,产生 CO_2,使质量减少,而大多数金属由于氧化会使其质量增加。

6.3.1　TG 和 DTG 的基本原理

热重分析是在程序控制温度下测量试样质量与温度或时间关系的一种热分析方法,简称热重法(TG)。微商热重法(DTG)是将热重法得到的热重曲线对时间或温度的一级微分的方法。热重法通常分为动态(升温)和静态(恒温),大多在等速升温条件下进行。

TG 和 DTG 的测试主要靠热天平来实现,在此主要介绍热天平的工作原理。当天平左侧托盘中的试样因受热产生质量变化时,天平横梁则会向上或向下摆动。此时接收信号的元件接收到光源照射强度发生变化,使其输出的电信号发生变化,这种变化的电信号传输给测重单元,经放大后再送给磁铁外线圈,使磁铁产生与质量变化相反的作用力,天平达到平衡状态。因此只要测量通过线圈的电流变化大小,即可知道试样随温度的变化情况。

6.3.2　TG 和 DTG 的仪器构造

热重分析仪主要由天平、炉子、程序控温系统、气氛控制系统和记录系统等部分构成,图6.17 为热重分析仪结构示意图。

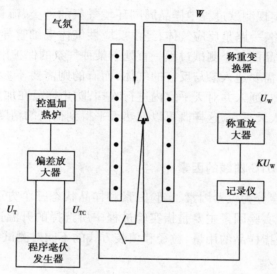

图 6.17　热重分析仪结构示意图

1)热天平

从热分析技术诞生以来,热天平先后经过了机械式、电磁式和电子式三个阶段。热天平是热重分析仪的核心部件,主要功能是检测质量随温度的变化。根据天平类型、炉子大小以及最高测试温度,热天平的测量量程为 1～5 g 不等,分辨率为 0.1～1 μg。目前大量使用的电子式天平分为水平式和垂直式(上皿式和下皿式)两类。水平式(卧式)热天平的试样皿和支持器处于水平位置,主要适用于 TG 和 DSC 联用测量,同时实现热量与质量变化量的检测,较为准确的进行定量和半定量分析,其特点是热天平浮力相对较小。下皿式热天平的试样皿位于天平下方,此类热天平主要适用于测量简单 TG,其特点是炉子较小,可实现快速升降温,热惯性小。上皿式热天平的试样皿位于天平上方,主要适用于单独测量 TG 或 TG 与 DSC 联用测量,其特点是炉子较大,可加大样品用量,以适用于大容量分析。

2)加热炉

炉子是实现样品温度变化的元件,炉体包括炉管、炉盖、炉体加热器和隔离护套。炉体加热器位于炉管表面的凹槽中。炉管的内径根据炉子的类型而有所不同。水平结构的炉体可减小气流引起的扰动,最高可加热到 1 100 ℃。高温型的可到 1 600 ℃,甚至更高。

3)程序控温系统

炉子温度增加的速率受温度程序的控制,其程序控制器能够在不同的温度范围内进行线性温度控制。当输入测试条件之后(如从 50 ℃开始,升至 1 000 ℃,升温速率为 20 ℃/min),温度控制系统会按照所设置的条件程序升温,准确执行发出的指令。温度准确度,±0.25 ℃;温度范围,室温至 1 100 ℃。控温程序由热电偶传感器(简称热电偶)执行,热电偶为铂金材料,分为样品温度热电偶和炉子温度热电偶。样品温度热电偶直接位于样品盘的下方,这样就保证了样品离样品温度测量点比较近,温度误差小;炉子温度热电偶测量炉温并控制炉子的电源,其位于炉管的表面。

4) 气氛控制系统

气氛控制系统主要实现测试过程中样品周围环境气氛的种类、流量、压强等参数的控制。气氛控制系统一般分两路,一路是反应气体,经由反应性气体毛细管导入到样品池附近,并随样品一起进入炉腔,使样品的整个测试过程一直处于某种气氛的保护中。至于通入什么气体,要以样品而定,有的样品需要通入参与反应的气体,而有的则需要不参与反应的惰性气体;另一路是对天平的保护气体,通入并对天平室内进行吹扫,防止样品在加热过程中发生化学反应时放出的腐蚀性气体进入天平室,这样既可以使热天平得到很高的精度,也可以延长热天平的使用寿命。

6.3.3 影响 TG 和 DTG 曲线的因素

影响热重曲线的因素分为仪器因素、实验因素和样品状态三个方面。仪器因素主要包括浮力和挥发物冷凝两种;实验因素主要是指实验过程中所选择的升温速率、气氛属性、试样皿等条件;样品状态主要是指样品的用量、粒径和填装方式的不同对测试结果的影响。

1) 仪器因素

(1) 浮力

浮力产生的原因:试样周围的气体随温度不断升高而发生膨胀,密度减小,造成表观增重,引起 TG 曲线的基线上移。资料表明 TG 测试过程中 300 ℃时的浮力约为室温的一半,而900 ℃只有 1/4。可通过预先作一条基线,来消除浮力效应造成的 TG 曲线漂移。

(2) 挥发物的冷凝

TG 实验中试样受热分解或升华而逸出的挥发物可能在热天平低温区发生再冷凝。冷凝现象发生以后容易导致机器污染或使所测得的样品重量偏低;温度升高以后会再次挥发产生假失重,使 TG 曲线混乱,结果不正确。为避免再冷凝现象的发生可尽量减少试样用量,并选择合适的吹扫气流量及较浅的试样皿。

2) 实验因素

(1) 升温速率

升温速率不同,TG 测试结果有明显的区别,因为升温速率直接影响炉壁与试样、试样外层与试样内部间的传热和温度梯度。升温速率越快,温度滞后越大(电加热丝与样品之间的温差和样品内部存在温度梯度),所产生的热滞后现象越严重,测试结果越不正确,往往导致 TG 曲线上的起始、终止温度偏高且反应区间变宽,但失重百分比一般并不改变;升温速率过快,还会掩盖相邻的失重反应。如果试样在加热过程中生成中间产物,升温速率过快往往不利于中间产物的检出,在 TG 曲线上呈现出的拐点不明显。升温速率越低,分辨率越高。在测试材料TG 时,升温速率一般在 5 ~ 10 ℃/min。含有大量结晶水的试样,升温速率不宜太快。对多阶段反应,慢速升温有利于阶段反应的相互分离。对于复杂结构的分析,采用较低的升温速率可以分析其多阶段分解过程。图6.18是分别采用0.42～480 ℃/min的升温速率下测试的某物质 TG 曲线,从图中可以看出升温速度越快,温度滞后效应也越大,失重反应的起始温度和终止温度越高,反应温度区间也越宽。

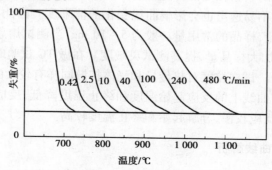

图6.18 不同升温速率下测试的某物质 TG 曲线

(2)试样皿

试样皿又称测试坩埚,试样皿对 TG 曲线的影响较明显,主要包括坩埚的大小、形状和材质三个方面。试样皿的材质种类较多,包括玻璃、铝、铂、陶瓷和石英等,但热分析采用的试样皿材质主要有铝、铂和陶瓷三种。铝质坩埚主要用于500 ℃以下的 TG 测试,铂和陶瓷坩埚主要用于测试500 ℃以上的 TG 曲线。选择样品皿时,要保证样品皿对试样、中间产物和最终产物无化学活性,还要考虑待测试样的耐温范围。如聚四氟乙烯类试样不能用陶瓷、玻璃和石英类试样皿,因相互间会形成挥发性碳化物。白金试样皿不适宜作含磷、硫或卤素聚合物的试样皿,因白金对该类物质有加氢或脱氢活性。样品皿的形状以浅盘为好,试验时将试样薄薄的摊在其底部,不加盖,以利于传热和生成物的扩散。在测含量较少的组分时,应用深盘,否则组分含量可能被掩盖。

(3)气氛属性

样品所处的气氛环境对 TG 曲线的影响较大。选用的实验气氛应对热电偶、试样皿和仪器部件无化学活性,无爆炸和中毒的危险。测试气氛包括惰性、氧化性和还原性气体,常用气氛有空气、O_2、N_2、He、H_2、CO_2和水蒸气。低温及可能与 N_2 在高温下发生反应的特殊样品必须用 He。另外,气体状态对测试结果也有影响。动态气氛可及时带走分解产物,但必须保证气体流量不能影响分解温度、TG 曲线等测试结果。静态气氛适用于分解前的稳定区,或在强调减少温度梯度和热平衡时使用。一般的 TG 分析仪器进气口有保护气和吹扫气两个口,保护气用于保护热天平,气流量为20 mL/min;吹扫气目的是带走反应气体,流量为40 mL/min,两种气体一般用同种气体,气流量过大会带走部分热量,使曲线发生变形,气流量过小不能及时带走反应气体,降低反应速率,失重台阶向高温区移动。图6.19为碳酸钙在不同气氛下分解的 TG 曲线,从图中可以看出不同气氛下碳酸钙分

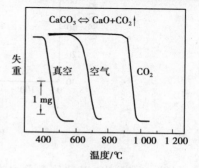

图6.19 不同气氛下碳酸钙
分解 TG 曲线

解反应的起始温度和终止温度差异较大,采用与分解气氛相同的测试气氛反应迟缓。

3)样品状况

样品量、粒度和填装的紧密程度都可能影响 TG 曲线的真实性,样品量越大,信号越强,但传热滞后也越大,挥发物不易逸出也会影响曲线变化的清晰度。因此在热天平的测试灵敏度范围内尽量减少试样用量,样品的常用量一般为 5~10 mg,当测试熔融温度时,样品量应尽量小;当测试 T_g 时,应适当加大样品量,提高测试灵敏度。在做 TG 试验时,尽量选用同一批次的样品,并在样品皿中铺平。试样粒度对热传导和气体扩散同样有较大的影响。试样粒度越小,反应速率越快,导致热重曲线上的反应起始温度和终止温度降低,反应区间变窄,失重台阶斜率变大。粗颗粒的试样反应较慢,分解起始和终止温度较高。

6.3.4　TG 和 DTG 曲线解析

热重法测得的曲线称为热重曲线(TG 曲线),从热重曲线可得到试样组成、热稳定性、热分解温度和热分解动力学等有关数据。TG 曲线以质量为纵坐标,从上向下表示质量减少,单位为 mg 或%;以温度(或时间)为横坐标,自左至右表示温度(或时间)增加。DTG 曲线的纵坐标为质量变化速度 dm/dT 或 dm/dt,单位为 mg/℃ 或 mg/min,横坐标与 TG 曲线相同。

在热重试验中,试样质量 m 作为温度 T 或时间 t 的函数被连续地记录下来,TG 曲线表示加热过程中样品失重累积量,为积分型曲线;DTG 曲线是 TG 曲线对温度或时间的一阶导数,即质量变化率,dm/dT 或 dm/dt,如图 6.20 所示。DTG 曲线上出现的峰表示质量发生变化,峰的面积与试样的质量变化成正比,峰顶与失重变化速率最大处相对应。TG 曲线上质量基本不变的部分称为平台,两平台之间的部分称为台阶。B 点所对应的温度 T_i 是指累积质量变化达到能被热天平检测出的温度,称为反应起始温度。C 点所对应的温度 T_f 是指累积质量变化达到最大的温度,称为反应终止温度。反应起始温度 T_i 和反应终了温度 T_f 之间的温度区间称反应区间。亦可将 G 点取作 T_i 或以失重达到某一预定值(5%,10% 等)时的温度作为 T_i,将 H 点取作 T_f,T_p 表示最大失重率温度,对应 DTG 曲线的峰顶温度。

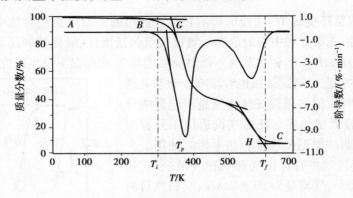

图 6.20　典型 TG-DTG 曲线

1)TG 曲线特征温度的表示方法

(1)直观温度值

直接从 TG 和 DTG 曲线上读取的特征温度值,是最常用的特征温度表示法。

①起始温度 T_i:TG 曲线上开始失重偏离基线的温度。

②特定失重时间温度 T_x:失重量为 X(5%,10% 等)时的失重温度,对应的温度下标直接标 X 数值。

③最大失重率温度 T_p:TG 曲线上的折点温度,常取两个平台间的中间值;DTG 曲线上的峰值温度,此时失重率最大。

④终止温度 T_f:TG 曲线上下一个平台开始,DTG 曲线回到基线时的温度。

⑤外推起、终点温度:采用双切线法求得的外推起始和终点温度。

⑥完全重复温度:样品失重率为 100% 时的温度,若有残重,取 TG 和 DTG 二者基线完全开始走平时的温度。

(2)10% 正切温度 T_N

外推始点温度与失重 10% 时面积比的乘积。

$$10\% \text{ 正切温度} = \text{正切温度} \cdot \frac{\text{失重 10% 时 TG 曲线包围的面积}}{\text{失重 10% 时的矩形面积}} \tag{6.2}$$

正切温度 T_N 与面积比的求法如图 6.21 所示。T_N 与起始分解温度有关,而面积比涉及起始分解程度,两者之积就特别强调了起始分解性质,实质为避免 T_i 重复性不好的一种起始分解温度表示方法。

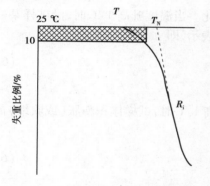

图 6.21　10% 正切温度的求法示意图

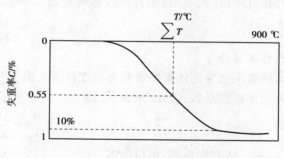

图 6.22　$\sum T$ 求法示意图

(3)加和温度 $\sum T$

将 900 ℃ 时余重 C 加 1 再除 2,即 $(C+1)/2$,此值所对应的温度即为加和温度 $\sum T$,图 6.22 中,当 900 ℃ 时余重 C 为 10% ,即 $\sum T = (10\% + 1)/2 = 0.55$,失重率为 0.55 时所对应的温度即为 $\sum T$,$\sum T$ 实质上与失重最大速率有关。

(4)积分程序分解温度 IPDT

对整个 TG 曲线从 25 ~ 900 ℃ 求和的一种方法。IPDT 可提供对不同材料进行比较的理论基础、它是测定高分子材料热稳定性的半定量方法、适用于一步和多步分解过程的研究、由于 IPDT 是通过曲线面积求得,重现性好。

2)TG 曲线上的台阶分析

TG 曲线一般包含 2 ~ 3 个台阶。第一个台阶多为样品中吸附水和残留溶剂造成的,在 100 ℃ 以下。第二个台阶一般是样品内添加的小分子助剂,如抗老化剂等。第三个台阶一般发生在高温下,为样品的热分解。

3）热重谱图解析注意事项

①热重曲线一般为失重曲线，偶尔也有增重曲线。

②热分析数据（包括 DSC 和 TG）受仪器结构、实验条件和试样本身反应的影响，因此在表达热分析数据时必须注明这些条件，例如仪器型号、样品重量、升温速率等。

③对于多阶段分解过程，尤其是不易区分的多阶分解过程，要借助 DTG 进行合理分段。

6.4 热膨胀法和热机械分析

6.4.1 热膨胀法

热膨胀法（thermodilatometric analysis，TDA）是在程序控温条件下，在可忽略负荷时测量材料的尺寸与温度关系的技术。TDA 是最早通过实验研究聚合物转变的方法之一。其优点是装置简单、比较直观，主要包括线膨胀法和体膨胀法两种。

1）线膨胀法

线膨胀法是测量聚合物试样的一维尺寸随 T 的变化。当温度升高 1 ℃时，沿试样某一方向上的相对伸长（或收缩）量称为线膨胀系数，以 α_L 来表示，即

$$\alpha_L = \frac{1}{L_0} \cdot \frac{\Delta L}{\Delta T} \tag{6.3}$$

2）体膨胀法

体膨胀法通常用体膨胀系数对温度作图。温度升高 1 ℃时，试样体积膨胀（或收缩）的相对量称为体膨胀系数，以 α_V 来表示，即

$$\alpha_V = \frac{1}{V_0} \cdot \frac{\Delta V}{\Delta T} \tag{6.4}$$

式中，α_V——体膨胀系数，单位为 K^{-1}；

V_0——测试前物质的体积，单位为 mm^3；

ΔV——温差 ΔT 下物质体积的变化量，单位为 mm^3；

ΔT——测试温差，单位为 K。

图 6.23 是体膨胀系数测定仪示意图，测试时先将试样装入样品池，抽真空后将水银或与聚合物不互溶的高沸点液体（如甘油、硅油）装满样品池，使液面升至毛细管的一定高度，在程序控温下样品体积的变化反映在毛细管内液体的升降，记录温度和该液面高度，再扣除相应注入液体的膨胀值和容器的膨胀值，得到样品体积的变化值，依据方程可求得体膨胀系数。

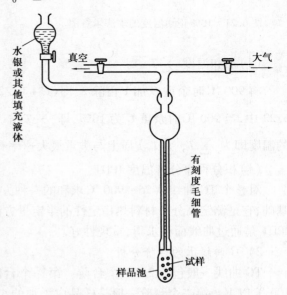

水银或其他填充液体

真空

大气

有刻度毛细管

试样

样品池

图 6.23 体膨胀系数测定仪示意图

无论线膨胀系数还是体膨胀系数均不是一个恒定值，而是在给定温度范围内的一个平均值。通常的热膨胀法是以测定固体试样的某一个方向上长度的变化为主，即线膨胀测定居多。热膨胀曲线以温度 T（或时间 t）为横坐标，纵坐标表示物质的尺寸变化。

6.4.2　热机械分析

热机械分析（thermomechanical analysis，TMA）是在程序控温下给试样施加一恒定负荷，试样随温度或时间的变化而发生变化，测定这一形变过程的技术就是热机械分析。热机械分析仪有浮筒式和天平式两种。负荷的施加方式有压缩、弯曲、针入、拉伸等，常用的是压缩力。根据施加负荷的不同可分为压缩法、弯曲法、针入度法和拉伸法。

1）压缩法

采用压缩探头施压，测定聚合物材料的玻璃化温度、粘流温度及线膨胀系数等。

2）弯曲法

采用弯曲探头，测得温度-弯曲形变曲线，由此可得聚合物的热变形温度。热变形温度是指在等速升温下，受简支梁式的静弯曲负荷作用下，试样弯曲形状达到规定值时的温度。

3）针入度法

采用压缩探头，可用于测定聚合物材料的维卡软化点温度。维卡软化点温度的塑料试样在一定的升温速率下，施加规定负荷时，截面积为 $1~\text{mm}^2$ 的圆柱状平头针针入试样 $1~\text{mm}$ 深度时的温度。国标规定升温速度为 $5~℃/6~\text{min}$ 和 $12~℃/6~\text{min}$ 两种，负荷为 $1~\text{kg}$ 和 $5~\text{kg}$ 两种。由测得的针入度曲线求得软化点温度即可判断材料质量的优劣。

4）拉伸法

采用拉伸探头，将纤维或薄膜试样装在专用夹具上，然后放在内外套管之间，外套管固定在主机架上，内套管上端施加负荷，测定试样在程序控温下的温度-形变曲线。拉伸法定义形变达 1% 或 2% 时对应的温度为软化温度，升温速度为 $2~℃/\text{min}$。在恒温下，可得出负荷-伸长曲线，由此可求出模量。

6.5　综合热分析技术

随着材料科学与热力学的发展，人们对热分析技术提出了多功能化、小型化、轻量化要求。传统的 TG、DTG、DTA、DSC、DMA 等分析手段已不能满足相同实验条件下获取材料多种性能与信息的表征要求，因此联合了其他分析手段的综合热分析技术应运而生。综合热分析技术能更精确地判断材料制备过程中细微变化产生的原因，以便做出正确的符合实际的判断。如热分析技术家族内部 DTA-TG、DSC-TG、DSC-TG-DTG、DTA-TMA、DTA-TG-TMA 等的综合以及 TG 与气相色谱（GC）、质谱（MS）、红外光谱（IR）等的综合。

1）TG-DSC 联用

将热重分析与差示扫描量热分析结合，利用同一样品在同一实验条件下可同步测试热重与差热信息，了解反应热焓的同时掌握了质量变化率，更方便分析其反应机理。TG-DSC 联用可消除称重量一致性、样品均匀性和温度对应性等因素的影响，因而 TG 与 DTA 和 DSC 曲线对应性更好。根据某一热效应是否对应质量变化，将有助于判别该热效应所对应的物理化学变化过程,以区分熔融峰、结晶峰、相变峰、分解峰和氧化峰等。在反应温度处知道样品的实际质量,有利于反应热熔的准确计算。

2)TG-FTIR 联用

两种仪器通过一种性能优越的接口连接,可同时连续地记录和测定样品在受热过程中所发生的物理化学变化,以及在各个失重过程中所生成的分解或降解产物化学成分,从而将 TG 的定量分析能力和 FTIR 的定性分析能力结合为一体。可广泛应用于高分子聚合物、药物与化学工业等领域,对固化交联反应、物质分解或其他反应的工艺过程中产生的气态产物进行定性分析。

3)TG-MS 联用

质谱(MS)具有灵敏度高,响应时间短的突出优点,在确定分子式方面具有独特的优势,将 TG 和 MS 联用,可同时提供反应体系在受热过程中的产物组分信息,对研究热分解反应进程和解释反应机理具有重要意义。将热重分析仪与质谱仪联用可以检测到非常低含量的杂质,这一手段越来越受欢迎。通过热重加热样品,样品会因挥发物的存在或者燃烧分解出气体,这些气体被传输到质谱仪中加以识别。TG-MS 联用成为质量控制、产品安全和产品开发的一个强有力手段。

4)TG-GC 或 MS 联用

气相色谱(GC)是一种具有高解析能力的分析技术,用于分离挥发态与半挥发态的产物。在进行实时监测时,TG-MS 联用会因多重反应同时发生或者高质量离子掩盖低质量离子而使结果变得混乱复杂。在此体系中加入气相色谱(GC),多重反应现象得以清楚的分离,低含量的杂质也能被清楚的检测出来。通过热重加热样品,样品会因挥发物的存在或者燃烧分解出气体,这些气体被传输到气相仪中,化合物可收集在气相仪的气体存储器中,进入气体样品循环或者沉积在管柱头部,然后 GC 可将样品进行分离,由质谱对峰加以识别。由于质谱可以检测材料中非常低的含量,TG-GC 或 MS 联用成为质量控制、产品安全和产品开发的一个强有力手段。

5)TG-DTA 联用

单一的热分析技术,如 TG、DTA 或 DSC 等,难以明确表征和解释物质的受热行为。TG-DTA 为热重分析-差热分析法,主要用来研究材料的热稳定性和组分。图 6.24 是三苯基磷的热分析谱图,结合 TG 和 DTA 曲线可知,其熔点为 83 ℃,三苯基磷熔融属于吸热效应,179.7 ℃以后开始分解,失重产生。

6)STA-FTIR-MS 联用技术

热分析(simultaneous thermal analyzer,STA)-红外光谱-质谱仪联用系统(STA-FTIR-MS)为同步热分析仪与傅里叶变换红外光谱仪和质谱仪的结合,该联用系统不需对样品进行前期处理而直接进行样品分析,在热分析过程中样品组分由于受热得以分离;同时,样品释放出的气体被输送到傅里叶变换红外光谱仪和质谱仪中进行实时红外数据采集和质谱分析,能实时、直观地了解样品在整个温度平台中的热重、热效应和红外数据变化,监测不同时刻、不同温度下样品所释放物质的种类与含量,适用于对混合样品化学组成及复杂热分解过程进行详细分析。

接口技术是 STA-FTIR-MS 联用系统功能实现的关键,热分析仪和质谱仪通过一根包裹有可加热传输线的石英毛细管连接,两者之间的压强差使得加热炉中产生的气体分解产物能从热分析仪流向质谱仪进行成分检测。其中从热分析仪中逸出的气体只有约1%通过石英毛细

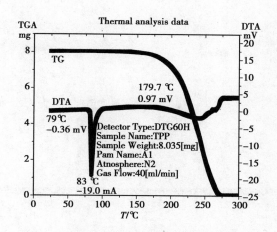

图 6.24　三苯基磷的热分析谱图

管传送到质谱仪的电子碰撞离子源。从热分析仪中出来的剩余气体经过一条加热传输线输送到傅里叶红外光谱仪气体池中进行光谱扫描。STA 中的逸出气体通过石英毛细管进入离子源,气体分子经高能电子束轰击得到正电荷离子,形成带有正电荷的不同碎片离子,质谱仪根据质荷比不同将碎片离子进行分离并通过检测器对系统传送的离子进行记录。通过逸出气体的红外光谱图可确定逸出气体分子的化学结构,结合 FTIR 与 MS 得到的信息可实现对逸出气体的准确鉴别。

课后思考题

1. 写出下列英文缩写的全写及中文名称:TG、DTG、DSC、DTA、TMA 和 DMA。
2. 简述什么是热分析及其理论基础。
3. 简述差热分析的原理。
4. 简述差示扫描量热法的原理。
5. 简述影响 DSC 和 DTA 曲线的因素及其作用机制。
6. 简述热重分析的原理。
7. 简述影响 TG 和 DTG 曲线的因素及其作用机制。
8. 说明热膨胀法和热机械分析的原理。

第 7 章
光谱分析

光谱分析方法(spectral analysis)是基于电磁辐射与物质相互作用产生的特征光谱波长与强度进行物质分析的方法。它涉及物质的能量状态、状态跃迁以及跃迁强度等方面。通过物质的组成、结构及内部运动规律的研究,可以解释光谱学的规律;通过光谱学规律的研究,可以揭示物质的组成、结构及内部运动的规律。由于每种原子都有自己的特征谱线,因此可以根据光谱来鉴别物质和确定它的化学组成。这种方法叫作光谱分析。做光谱分析时,可以利用发射光谱,也可以利用吸收光谱,这种方法的优点是非常灵敏而且迅速。某种元素在物质中的含量达 10^{-10} 克,就可以从光谱中发现它的特征谱线,因而能够把它检查出来。光谱分析在科学研究中有广泛的应用,例如,在检查半导体材料硅和锗是不是达到了高纯度的要求时,就要用到光谱分析。历史上,光谱分析还帮助人们发现了许多新元素,例如铷和铯就是从光谱中看到了以前所不知道的特征谱线而被发现的。

光谱种类繁多,根据分析原理,光谱可分为发射光谱、散射光谱与吸收光谱;根据被测成分的形态可分为原子光谱与分子光谱,被测成分是原子的称为原子光谱,被测成分是分子的则称为分子光谱;按光谱表观形态不同,可分为线光谱、带光谱和连续光谱;按波长区域不同,光谱可分为红外光谱、可见光谱和紫外光谱。

常见的发射光谱分析有原子发射光谱法(AES)、原子荧光光谱法(AFS)、X 射线荧光光谱法(XFS)、分子荧光光谱法(MFS)等;常见的吸收光谱分析包括紫外-可见光法(UV-Vis)、原子吸收光谱法(AAS)、红外光谱法(IR)、核磁共振(NMR)等;拉曼散射光谱(Raman spectrum)是最常见的散射光谱。

7.1 红外光谱

19 世纪初人们通过实验证实了红外光的存在。20 世纪初人们进一步系统地了解了不同官能团具有不同红外吸收频率这一事实。1950 年以后出现了自动记录式红外分光光度计。随着计算机科学的进步,1970 年以后出现了傅里叶变换型红外光谱仪。红外测定技术如全反射红外、显微红外、光声光谱以及色谱-红外联用等也不断发展和完善,使红外光谱法得到广泛应用。

红外光谱是分子振动光谱,通过谱图解析可以获取分子结构的信息。任何气态、液态、固态样品均可进行红外光谱测定,这是其他仪器分析方法难以做到的。由于每种化合物均有红外吸收,尤其是有机化合物的红外光谱能提供丰富的结构信息,因此红外光谱法是有机化合物结构解析的重要手段之一。与其他分析手段相比近红外光谱分析具有以下优点:简单方便,检测成本低,有不同的测样器件可直接测定液体、固体、半固体和胶状体等样品;分析速度快,一般样品可在 1 min 内完成;适用于近红外分析的光导纤维易得到,故易实现在线分析及监测,极适合于生产过程和恶劣环境下的样品分析;不损伤样品,可称为无损检测;分辨率高,可同时对样品多个组分进行定性和定量分析等。因此,它已成为现代结构化学和分析化学最常用和不可缺少的工具。红外光谱在高聚物的构型、构象、力学性质的研究以及物理、天文、气象、遥感、生物、医学等领域也有广泛的应用。

7.1.1　IR 基本原理

1)红外光区

光是一种电磁波,根据其波长范围的不同而被命名为各种不同性质的光。其中波长在 $0.75 \sim 1\,000\ \mu m$ 范围的电磁波,是从可见光区外延到微波区的一段电磁波,习惯上叫作红外光。有教材采用波数划分红外光区,波数$(cm^{-1}) = 10^4/$波长(μm)。其光谱区域可进一步细分如表 7.1 所示。

表 7.1　红外光区的划分

波段	波长 $\lambda/\mu m$	波数 σ/cm^{-1}	频率 ν/Hz
近红外	$0.78 \sim 2.5$	$12\,800 \sim 4\,000$	$3.8 \times 10^{14} \sim 1.2 \times 10^{14}$
中红外	$2.5 \sim 50$	$4\,000 \sim 200$	$1.2 \times 10^{14} \sim 6.0 \times 10^{12}$
远红外	$50 \sim 1\,000$	$200 \sim 10$	$6.0 \times 10^{12} \sim 3.0 \times 10^{11}$
常用光区	$2.5 \sim 25$	$4\,000 \sim 400$	$1.2 \times 10^{14} \sim 1.2 \times 10^{13}$

红外光谱最重要的应用是中红外区有机化合物的结构鉴定。通过与标准谱图比较,可以确定化合物的结构,对于未知样品,通过官能团、顺反异构、取代基位置、氢键结合以及络合物的形成等结构信息可以推测结构。近年来红外光谱的定量分析应用也有不少报道,尤其是近红外、远红外区的研究报告在增加,如近红外区用于含有与 C,N,O 等原子相连基团化合物的定量,远红外区用于无机化合物研究等。

2)产生 IR 的条件

偶极矩是表示化合物性质的参数之一。每个分子都有固有的偶极矩(或称为永久偶极矩),偶极矩越大,分子的极性越大。如 H_2O 的偶极矩为 1.85 deb,而 CO_2 的偶极矩为零。分子中的化学键处于不断的振动之中,振动的瞬间若偶极矩发生变化,这种变化则称为瞬间偶极矩的变化,如 CO_2 分子的不对称伸缩振动。当用中红外光照射有机分子时,若红外光的频率与化学键的某种振动频率一致,且这种振动的瞬间偶极矩发生变化时,这种振动会吸收特定频率的红外光,使振动由低能级向高能级跃迁。因此产生红外吸收的条件可以概括为以下两点:

①振动频率与红外光光谱段的某频率相等。红外光波中的某一波长恰与某分子中的一个

基本振动形式的波长相等,吸收了这一波长的光,可把它的能级从基态跃迁到激发态,这是产生 IR 的必要条件;

②偶极矩的变化。分子在振动过程中原子间的距离(键长)或夹角(键角)会发生变化,这可能会引起分子偶极矩的变化,结果产生了一个稳定的交变电场,它的频率等于振动的频率,这个稳定的交变电场将和运动的原子具有相同频率的电磁辐射电场相互作用,从而吸收辐射能量,产生红外光谱的吸收。

如果是多原子分子,尤其是分子具有一定的对称性,则除了上述的振动外,还会有些振动没有偶极矩的变化,因而不会产生红外吸收。非极性分子的振动、极性分子的对称伸缩振动偶极矩变化为零,不产生红外吸收。这种不发生吸收红外辐射的振动称为非红外活性振动。非红外活性振动往往是拉曼活性的。

3)IR 的基本原理

红外光谱(Infrared Spectrum,IR)是指当物质受到频率连续变化的红外光照射时,分子吸收了某些频率的辐射,并由其振动或转动引起偶极矩的净变化,产生分子振动和转动能级从基态到激发态的跃迁,得到分子振动能级和转动能级变化产生的振动-转动光谱。红外光谱图的横坐标为波数(cm^{-1})或波长(mm),红外光谱图的纵坐标不很统一,经常见到的有透射比 T 和吸收率 A。

$$T = I/I_0 \tag{7.1}$$

$$A = \lg \frac{I_0}{I} = \lg\left(\frac{1}{T}\right) \tag{7.2}$$

$$A = \varepsilon Cl \tag{7.3}$$

式中,I_0——入射光强度;

I——透射光强度;

A——吸收率;

C——试样浓度;

l——光程长度;

ε——吸收系数。

每种分子都有由其组成和结构决定的独有的红外吸收光谱,据此可以对分子进行结构分析和鉴定。红外吸收光谱是由分子不停地做振动和转动运动而产生的,分子振动是指分子中各原子在平衡位置附近做相对运动,多原子分子可组成多种振动图形。当分子中各原子以同一频率、同一相位在平衡位置附近作简谐振动时,这种振动方式称为简正振动(例如伸缩振动和变形振动)。分子振动的能量与红外射线的光量子能量正好对应,因此当分子的振动状态改变时,就可以发射红外光谱,也可以因红外辐射激发分子振动而产生红外吸收光谱。分子的振动和转动的能量不是连续而是量子化的。但由于在分子的振动跃迁过程中也常常伴随转动跃迁,使振动光谱呈带状,所以分子的红外光谱属带状光谱。

4)基本概念

(1)吸收带的类型

红外光谱的吸收带,简称吸收带,有基频带、倍频带和合频带三种。基频带是分子的振动从一个能级跃迁到相邻高一级能级产生的吸收谱带,它是分子的基本振动产生的吸收谱带。倍频带是分子振动能级跃迁两个以上能级所产生的吸收谱带,出现在基频带的 n 倍处,$n = 2$,

3，…。如基频为 ν，则一级倍频为 2ν，二级倍频为 3ν。由于分子振动连续跃迁二级以上的概率很小，因此，倍频带的强度很弱，约为基频带强度的 1/10，甚至更低。合频带是两个以上的基频带波数之和或差处出现的吸收谱带，其强度比基频带弱得多。

（2）简正振动及分子振动的类型

分子中所有原子以相同频率和相同的位相在平衡位置附近所做的简谐振动称为简正振动。简正振动方式随分子中原子数增加而增加。每个简正振动都有一个特征频率，对应于红外光谱上可能的一个吸收峰。简正振动包括键长发生变化导致的伸缩振动和键角发生变化引起的变形振动两种形式。IR 谱图中分子振动模式的类型及标识如表 7.2 所示。

表 7.2　IR 谱图中分子振动模式的类型及标识方法

序号	分子振动类型	IR 谱图上的标识
1	面内弯曲振动	σ
2	面外弯曲振动	γ
3	面外摇摆振动	ω
4	反对称伸缩振动	ν/ν_s
5	对称伸缩振动	$\nu_\alpha/\nu_{\alpha s}$
6	扭曲振动	τ

（3）基团特征频率

化学工作者根据大量的光谱数据研究发现，具有相同化学键或官能团的一系列化合物有近似共同的吸收频率，这种频率称为基团特征频率。同时，同一种基团的某种振动方式若处于不同的分子和外界环境中，其化学键力常数是不同的，因此它们的特征频率也会有差异，所以了解各种因素对基团频率的影响，可以帮助我们确定化合物的类型。由此可见，掌握各种官能团与红外吸收频率的关系以及影响吸收峰在谱图中位置的因素，是光谱解析的基础。按照光谱与分子结构的特征，可将整个红外光谱大致分为两个区域，即官能团区，亦称特征谱带（频率）区（波数 4 000 ~ 1 300 cm^{-1}）和指纹区（波数 1 300 ~ 400 cm^{-1}）。

官能团区的吸收光谱主要反映分子中特征基团的振动，主要是伸缩振动产生的吸收带。由于基团的特征吸收峰一般位于此高频范围，并且在该区域内吸收峰比较稀疏，谱带有比较明确的基团和频率对应关系，所以基团的鉴定工作主要在这一区域进行。

指纹区的吸收光谱很复杂，除单键的伸缩振动外，还有因变形振动产生的复杂光区，当分子结构稍有不同时，该区的吸收光谱就有细微的差异，因此它能反映分子结构的细微变化。每一种化合物该区的谱带位置、强度和形状都不一样，相当于人的指纹，因而称为指纹区。该区域用于认证化合物是很可靠的。无机化合物的基团振动大多在这一波长范围内。此外，指纹区也有一些特征吸收峰，对于鉴定官能团也是很有帮助的。

7.1.2　IR 仪器结构

红外光谱仪由光源、样品室、单色器以及检测器等部分组成。两种仪器在各元件的具体材料上有较大差别。色散型红外光谱仪的单色器一般在样品池之后。图 7.1 为傅里叶变换红外光谱仪结构示意图。

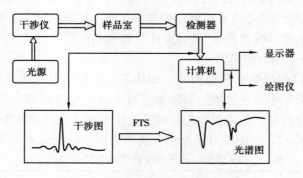

图 7.1　傅里叶变换红外光谱仪结构

1）光源

一般分光光度计中的氘灯、钨灯等光源能量较大,要观察分子的振动能级跃迁,测定红外吸收光谱,需要能量较小的光源。黑体辐射是最接近理想光源的连续辐射。满足此要求的红外光源是稳定的固体在加热时产生的辐射,常见的有能斯特灯、碳化硅棒、白炽线圈。一般近红外区的光源用钨灯即可,远红外区用水银放电灯作光源。

2）检测器

红外检测器有热检测器、热电检测器和光电导检测器三种。前两种用于色散型仪器中,后两种在傅里叶变换红外光谱仪中多见。常见的红外检测器见表 7.3。

表 7.3　常见的红外检测器及其特点

红外检测器	原理	组成	特点
热电偶	温差热电效应	涂黑金箔(接受面)连接金属(热接点)与导线(冷接端)形成温差。	光谱响应宽且一致性好、灵敏度高、受热噪音影响大。
测热辐射计	电桥平衡	涂黑金箔(接受面)作为惠斯顿电桥的一臂,当接受面温度改变,电阻改变,电桥输出信号。	稳定、中等灵敏度、较宽线性范围、受热噪音影响大。
热释电检测器（TGS）	半导体热点效应	硫酸三甘酞(TGS)单晶片受热,温度升高,其表面电荷减少,即 TGS 释放了部分电荷,该电荷经放大并记录。	响应极快,可进行高速扫描(中红外区只需 1 s)。适合 FTIR。
碲镉汞检测器（MTC）	光电导;光伏效应	混合物 $Hg_{1-x}Cd_xTe$ 对光的响应。	灵敏度高、响应快、可进行高速扫描。

3）吸收池

红外吸收池使用红外光可透过的材料制成窗片;不同的样品状态(固、液、气态)使用不同的样品池,固态样品可与晶体混合压片制成。吸收池常用的材料及其特性见表 7.4。

表7.4　吸收池常用的材料及其特性

材料	透光范围/μm	注意事项
NaCl	0.2～0.25	易潮解、湿度低于40%
KBr	0.25～40	易潮解、湿度低于30%
CaF_2	0.13～12	不溶于水,用于水溶液
CsBr	0.2～55	易潮解
TlBr + TlI	0.55～40	微溶于水、有毒

4)单色器

由色散元件、准直镜和狭缝构成。其中可用几个光栅来增加波数范围,狭缝宽度应可调。狭缝越窄,分辨率越高,但光源到达检测器的能量输出减少,这在红外光谱分析中尤为突出。为减少长波部分能量损失,改善检测器响应,通常采取程序控制增减狭缝宽度的办法,即随辐射能量降低,狭缝宽度自动增加,保持到达检测器的辐射能量的恒定。

7.1.3　IR 样品制备

1)红外光谱法对试样的要求

用于红外光谱测试的试样可以是气、液、固三种形态。试样应是单组分的纯物质,纯度在98%以上;多组分样品应在测定前用分馏、萃取、重结晶、离子交换或色谱法等进行分离提纯,否则各组分光谱相互重叠,难于解析;试样测试时不能含游离水,因为水对吸收光谱有较大干扰,还会侵蚀吸收池的盐窗;另外试样的浓度和测试厚度要选择适当。

2)固体样品的制样方法

目前制备固体样品常用的方法有粉末法、糊状法、压片法、薄膜法、热裂解法等,用得最多的是前三种。

(1)粉末法

把固体样品研磨至 2 μm 左右的细粉,悬浮在易挥发的液体中,移至盐窗片上,待溶剂挥发后形成一层均匀薄层。粉末颗粒受红外光照射时会发生散射,较大的颗粒会使入射光发生反射从而降低了样品光束到达检测器上的能量,使谱线的基线抬高。所以为了减少散射现象必须把样品磨至 2 μm 以下(中红外光光波波长从 2 μm 开始)。

(2)糊状法(悬浮法)

粒径小于 2 μm 的粉末悬浮在吸收红外光较低的糊剂中,常用的糊剂为液状石蜡,若样品中含有饱和 C—H 键,则用六氟二烯做糊剂。大多数固体样品都可采用糊状法测定红外光谱,如果样品在研磨过程中发生分解,则不宜用这种方法,为了避免样品的分解,在研磨时就加入液体石蜡等悬浮剂。另外,悬浮法不能用于定量分析。

(3)卤化物压片法

利用碱金属卤化物加压后变成可塑物,并在中红外区完全透明的性质。把1～3.8 mg 的样品和 100 ~ 300 mg 的 KBr 或 KCl 放入玛瑙研钵,混合研磨均匀使其粒径小于 2.5 μm,然后在 15 MPa 压强下加压 1 min 制得约 0.8 mm 的透明薄片。

压片法的优点是没有溶剂和糊剂的干扰,可一次完整地获得样品的 IR;可通过减小样品粒度来减少杂散光,从而获得尖锐的吸收带;应用范围广,大多材料都可以;由于样品的厚度和浓度可以精确控制,因而可用于定量分析;压成的薄片便于保存。其缺点是对水分要求苛刻,因为水分不仅影响薄片透明度,而且影响对化合物的测定。要尽量加热、冷冻或其他方法除水。有时在压片过程中卤化物会与样品发生离子交换、脱水、多晶转变、分解等物理化学反应,使数据失真。

(4)薄膜法

①剥离薄片:有些矿物以薄层状存在,小心剥离 10 ~ 150 μm 厚的薄片进行检测。

②熔融法:熔点较低,熔融时不发生分解、升华等其他物理化学变化的物质,只需把少许样品放在盐窗上,用电炉加热样品,待其融化时直接压制成薄膜。

③溶液法:将样品悬浮在沸点低、对样品溶解度大且不与其发生化学反应的溶剂中,使样品完全溶解,把溶液滴在盐窗片上加热除去溶剂得到薄膜进行检测。常用的溶剂有苯、丙酮、甲乙酮、氯、N-二甲基甲酸胺等。

④沉淀薄片法:将几毫克的样品加酒精或异丙醇研磨后,稀释到所需浓度后,吸一滴悬浮液到盐窗片上,干燥后得到厚度均匀的薄膜进行检测。

3)气体样品的制备方法

气体样品的测定可使用窗板间隔为 2.5 ~ 10 cm 的大容量气体池。抽真空后,向池内导入待测气体。测定气体中的少量组分时使用池中的反射镜,其作用是将光路增加到数十米。气体池还可用于挥发性很强的液体样品的测定。

4)液态样品的制备方法

①液体池法:沸点较低、挥发性较强的试样可注入封闭液体池中,液层厚度为 0.01 ~ 1 mm;

②液膜法:沸点高的样品可直接滴在两片盐窗片之间形成液膜进行检测。

7.1.4　IR 谱图解析及应用

1)峰位、峰数与峰强

(1)峰位(基团频率)

化学键的力常数 k 越大,原子折合质量越小,键的振动频率越大,吸收峰将出现在高波数区(短波长区);反之,出现在低波数区(高波长区)。图 7.2 是常见的化学基团红外振动峰出现的位置。

(2)峰数

峰数与分子的振动自由度(独立振动数)有关。无瞬间偶极距变化时,无红外吸收。表 7.5 是红外光谱图上振动峰理论数量。红外光谱图上的峰数≤基本振动理论数,这是因为:对于偶极矩的变化为零的振动,不产生红外吸收,如 CO_2;基团振动形式不同,但其频率相同时谱线发生简并;仪器分辨率或灵敏度不够,有些谱峰观察不到。

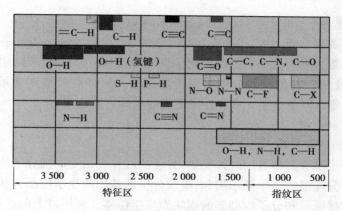

图 7.2 常见化学基团的红外振动峰位置

表 7.5 红外光谱图上振动峰理论数量

组成分子的原子个数		N
分子的总自由度		$3N$
振动自由度 （基频吸收带数目）	线性分子	$3N-5$
	非线性分子	$3N-6$

（3）峰强

分子对称度高，振动偶极矩小，产生的谱带就弱，反之则强；瞬间偶极距变化大，吸收峰强；键两端原子电负性相差越大（极性越大），吸收峰越强；由基态跃迁到第一激发态，产生一个强的吸收峰——基频峰。

倍频峰：由基态直接跃迁到第二激发态，产生一个弱的吸收峰-倍频峰；三倍频峰、四倍频峰……依次减弱。峰的强度可用很强（vs）、强（s）、中（m）、弱（w）、很弱（vw）等来表示。

在解析红外光谱时，要同时注意吸收峰的位置、强度和峰形。以羰基为例，羰基的吸收一般为最强峰或次强峰。如果在 1 680 ~ 1 780 cm^{-1} 有吸收峰，但其强度低，这表明该化合物并不存在羰基，而是该样品中存在少量的羰基化合物，并以杂质形式存在。吸收峰的形状也决定于官能团的种类，从峰形可以辅助判断官能团。以缔合羟基、缔合伯胺基及炔氢为例，它们的吸收峰位略有差别，但主要差别在于峰形：缔合羟基峰宽、圆滑而钝；缔合伯胺基吸收峰有一个小小的分叉；炔氢则显示尖锐的峰形。

2）同一基团的几种振动相关峰应同时存在

任一基团由于存在伸缩振动（某些官能团同时存在对称和反对称伸缩振动）和多种弯曲振动，因此，会在红外谱图的不同区域显示出几个相关吸收峰。所以，只当几处应该出现吸收峰的地方都显示吸收峰时，方能得出该官能团存在的结论。以甲基为例，在 2 960 cm^{-1}，2 870 cm^{-1}，1 460 cm^{-1}，1 380 cm^{-1} 处都应有 C—H 的吸收峰出现。以长链 CH_2 为例，2 920 cm^{-1}，2 850 cm^{-1}，1 470 cm^{-1}，720 cm^{-1} 处都应出现吸收峰。

3）谱图解析顺序

根据质谱、元素分析结果得到分子式。由分子式计算不饱和度 U。

$U = $ 四价元素数 $-$（一价元素数/2）$+$（三价元素数/2）$+1$，如苯，$U = 6 - 6/2 + 1 = 4$。

分析时可以先观察官能团区，找出存在的官能团，再看指纹区。如果是芳香族化合物，应确定出苯环取代位置。然后根据官能团及化学合理性，拼凑可能的结构。进一步确认需与标样、标准谱图对照及结合其他仪器分析手段得出结论。标准红外谱图集最常见的是萨特勒（Sadtler）红外谱图集。目前已建立有红外谱图的数据库方便检索。

4）红外光谱定性分析

（1）定性分析的理论基础

组成物质的分子都有其特有的红外光谱，分子的红外光谱受周围分子的影响较小，混合物的光谱是其各自组分光谱的简单算术加和；组成分子的基团或化学键都有其特征的振动频率，特征振动频率受临接原子和分子构型等的影响而发生位移。利用以上两点便可确定样品中所含基团或化学键的类型及周围的环境，确定分子中原子的排列方式，进而推断物质结构。红外光谱定性分析特征性高、不受样品相态、熔点、沸点和蒸汽压等限制、所需样品少、分析时间短、不破坏样品。

（2）定性分析应用

分析谱带特征：对已得到的质量较好的谱图，首先分析所有谱带数目，各谱带的位置和相对强度。

对已知物的验证：为合成某种矿物，需知它的合成纯度时，可取另一种标准矿物分别做红外光谱加以比较或借助于已有的标准红外光谱图或资料查对。

未知矿物的分析：红外光谱检测前应做一些相关性能检测，如矿物外观、晶态或非晶态、化学成分、是否含有结晶水或其他水、是否含有杂质、是否是混合物或纯净物等。

5）红外光谱定量分析

（1）定量分析的原理

朗伯-比尔定律是红外光谱定量分析的理论基础。

（2）实验条件选取和各参量测定

①分析波长和波数的选择。

定量分析选择的分析波长和波数应满足：所选吸收带必须是样品的特征吸收带；所选特征吸收带不被溶剂或其他组分的吸收带干扰；所选特征吸收带有足够高的强度，且强度对定量组分浓度的变化有足够的灵敏度；尽量避开水蒸气和 CO_2 的吸收区。

②透过率的选择。

定量分析的精确度取决于测定分析谱带透过率的精确度，透过率过大过小都会影响测量值的准确性，计算表明最佳透过率为 36.8%，而一般样品透过率在 25% ~ 50% 时都能得出比较理想的结果。

③操作条件的选择。

定量分析要求仪器有足够的分辨率，而分辨率主要取决于机器狭缝的宽度，狭缝越窄精确度越高。

④吸收系数 K 的测定。

采用工作曲线法测定，即把待测物用同一配剂配成不同浓度的样品，分别测定其在分析波段的吸光度，以浓度为横坐标，吸光度为纵坐标作图，可得一条通过原点的直线，该直线的斜率就是 Kb，因为 $A = K \cdot C \cdot b$，故斜率 $A/C = K \cdot b$。

⑤吸光度的测量。

吸光度测量主要有顶点强度法和积分强度法两种。顶点强度法分为带高法和基线法,带高法适合测定一些形状比较对称的吸收带的吸光度,而基线法适合测定形状不对称的吸收带的吸光度。积分强度法比较复杂,实际测定工作中很少用。

（3）定量分析法

①标准法。

标准法首先测定样品中所有成分的标准物质的 IR,由各物质的标准 IR 选择每一成分与其他成分吸收带不重叠的特征吸收带作为定量分析谱带,在定量吸收带处,用已知浓度的标准样品和未知样品比较其吸光度进行测量。即利用一系列标准样,测定其各自吸光度,绘制工作曲线。由斜率计算组分浓度。标准法多在测定溶液样品时使用;不需求出吸收系数;系统误差可忽略,因是吸光度直接比对,机器的影响较小。

若样品和标准样吸光度分别为 A 和 A_0,则 $A/A_0 = KCb/(KC_0b)$,即 $C = AC_0/A_0$。

②吸光度法。

假设有一个双组分的混合物,各组分有互不干扰的定量分析谱带,由于在测量中样品厚度一致,则吸光度之比 R 可以写成:$R = A_1/A_2 = K_1C_1b/(K_2C_2b) = KC_1/C_2, C_1 + C_2 = 1$,故 $C_1 = R/(K + R)$;$C_2 = K/(K + R)$ 即只需知道两种组分在定量分析谱带处的吸光系数就可测出样品浓度。

③补偿法。

补偿法就是在参比光路中加入混合物样品的某些组分,与样品光路的强度比较,以抵消混合物样品中某些组分的吸收,使混合物样品中的被测组分有相对孤立的定量分析谱带。补偿法最适合溶液和液体混合物的测试,可以测定混合物中含量在 0.001% ~ 1% 的微含量组分。

7.1.5　典型化合物的红外光谱

1）烷烃类化合物

图 7.3 是正壬烷的红外吸收光谱,图中 2 921 cm^{-1} 和 2 855 cm^{-1} 附近出现的峰分别是甲基的不对称伸缩振动和对称伸缩振动。

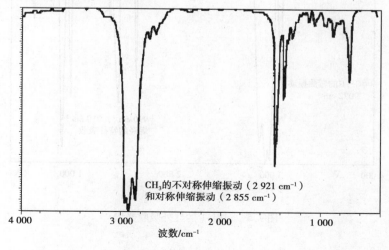

CH$_3$的不对称伸缩振动（2 921 cm^{-1}）
和对称伸缩振动（2 855 cm^{-1}）

波数/cm^{-1}

图 7.3　正壬烷的红外吸收光谱

139

图 7.4 是环己烷的红外吸收光谱,图中 2 925 cm^{-1} 和 2 850 cm^{-1} 附近出现的峰分别是亚甲基的不对称和对称伸缩振动带(环丙烷中的亚甲基由于环张力的影响,其 C—H 振动频率可达到 3 050 cm^{-1}),与甲基相应的位置几乎重合。亚甲基的弯曲振动出现在 1 460 cm^{-1} 附近。

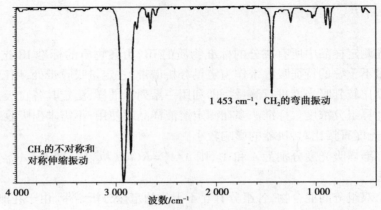

图 7.4　环己烷的红外吸收光谱

2)烯烃及含双键化合物

如图 7.5 己烯-1 的红外吸收光谱可知,与 C—H 键的伸缩振动相比,烯烃中的 ＝C—H 伸缩振动频率略高,出现在 3 050 cm^{-1} 附近,但峰较弱。＝C—H 的弯曲振动出现在 1 000 ~ 650 cm^{-1} 区间,不同的烯烃在该区间出现不同特征的吸收带。烯烃 C＝C 的伸缩振动出现在 1 640 cm^{-1} 附近,峰较弱。除烯烃外,还有很多化合物含有双键,其双键的振动频率一般出现在 1 620 cm^{-1} 附近,如亚胺(含 C＝C 键)、偶氮化合物(含 N＝N 键)。

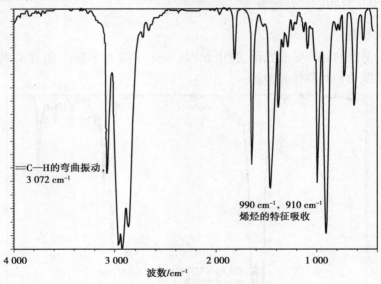

图 7.5　己烯-1 的红外吸收光谱

3) 炔烃和其他含叁键及具有累积双键的化合物

炔烃中含有 C—C 叁键,末端炔烃含有 C—H 叁键。末端炔烃的 C—H 叁键振动出现在 3 300 cm^{-1} 左右,表现为强度中等而尖锐的峰,C—H 叁键的弯曲振动出现在 600 cm^{-1} 左右。 C—C 叁键的振动为一较弱的峰,出现在 2 200 cm^{-1} 附近(图7.6)。

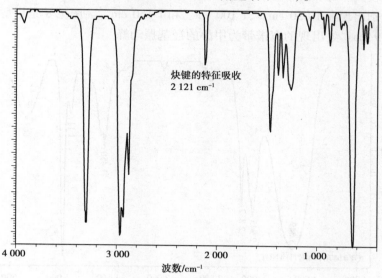

炔键的特征吸收
2 121 cm^{-1}

波数/cm^{-1}

图 7.6　戊炔-1 的红外吸收光谱

4) 芳烃

芳烃中含有双键,但由于形成了共轭 π 体系,共轭双键之间发生振动耦合。苯环的振动出现三个带(称为苯环骨架振动),位于 1 600 cm^{-1},1 500 cm^{-1} 和 1 450 cm^{-1} 附近,其中 1 600 cm^{-1} 峰较弱(图7.7)。

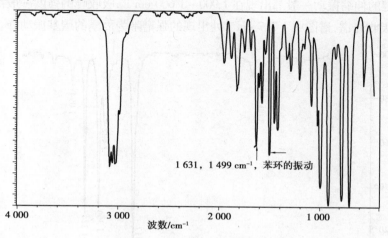

1 631,1 499 cm^{-1},苯环的振动

波数/cm^{-1}

图 7.7　苯乙烯的红外吸收光谱

5) 含羟基的化合物

含羟基的各类化合物都会在 3 600 ~ 3 200 cm^{-1} 有很强的吸收。实验中由于空气潮湿,

KBr 和样品中的水分都会导致在红外光谱中出现水的羟基峰,因而实验中要保证周围环境和样品的干燥。在气态或非常稀的非极性溶剂中,羟基的振动频率出现在 3 650 ~ 3 590 cm^{-1} 区,谱带尖锐。但在液态和固态时,羟基因生成 H 键,振动频率出现在 3 550 ~ 3 200 cm^{-1} 区,谱带较宽,强度较大。醇和酚中 C—O 键伸缩振动在 1 260 ~ 1 000 cm^{-1} 区。伯醇、叔醇和酚的 C—O 键振动分别出现在 1 050 cm^{-1},1 100 cm^{-1} 和 1 150 cm^{-1}。图 7.8 是甲醇的红外吸收光谱,谱图中 3 349 cm^{-1} 处出现的宽谱带为甲醇的羟基振动峰。

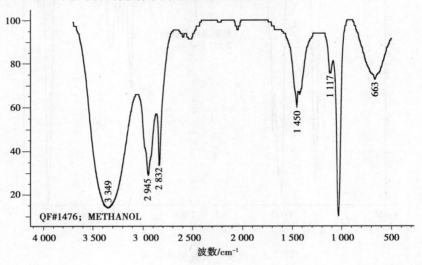

图 7.8　甲醇的红外吸收光谱

6)羰基化合物

羰基化合物的种类很多,如酸酐、酰氯、酯、醛、酮、羧酸和酰胺类化合物都含有羰基。各类化合物的 C═O 键的伸缩振动一般都出现在 1 900 ~ 1 600 cm^{-1},吸收峰的强度一般都很大。图 7.9 是丙酮的红外吸收光谱,谱图中 1 717 cm^{-1} 处出现的强谱带为丙酮的羰基振动峰。

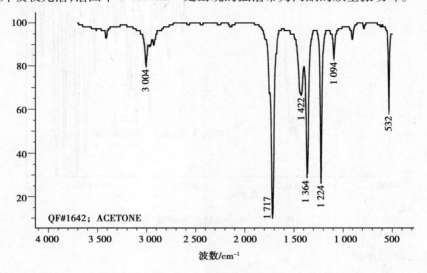

图 7.9　丙酮的红外吸收光谱

7.2 激光拉曼光谱

1928 年印度物理学家拉曼（C. V. Raman）发现拉曼散射效应，并因此荣获 1930 年的诺贝尔物理学奖。1928—1940 年拉曼效应受到广泛重视，曾是研究分子结构的主要手段。这是因为可见光分光技术和照相感光技术已经发展起来的缘故。1940—1960 年拉曼光谱的地位一落千丈。主要是因为拉曼效应太弱（约为入射光强的 10^{-6}），并要求被测样品的体积必须足够大、无色、无尘埃、无荧光等。因此到 40 年代中期，红外技术的进步和商品化更使拉曼光谱的应用一度衰落。1960 年以后，激光技术的发展使拉曼光谱得以复兴。由于激光束的高亮度、方向性和偏振性等优点，成为拉曼光谱的理想光源。随探测技术的改进和对被测样品要求的降低，目前拉曼光谱在物理、有机、无机、医药、环保、材料、工业、食品检验和地质考古等各个领域得到了广泛的应用，越来越受研究者的重视。

红外光谱和拉曼光谱都是研究分子振动特征的，但红外光谱是吸收光谱，而拉曼光谱是散射光谱，二者产生的机理是完全不同的。红外光谱的信息是从分子对入射电磁波的吸收得到的，而拉曼光谱的信息是从入射光与散射光频率的差别中获得的。

7.2.1 拉曼光谱基本原理

1）拉曼散射

当辐射能通过介质时，引起介质内带电粒子的受迫振动，每个振动着的带电粒子向四周发出辐射形成散射光。按量子理论的基本观点，当光子 $h\nu_0$ 与分子碰撞时会发生散射效应。通常光子与分子的撞击为弹性碰撞，不发生能量的转移仍为 $h\nu_0$，这种散射称为瑞利散射，其光强为散射光中之最强。另外一种碰撞为非弹性碰撞，光子将一部分能量 ΔE 传递给分子，使分子跃迁，于是使散射光能量变为 $h\nu_0 - \Delta E$，称为斯托克斯线（光子将能量传给分子）。分子从 E_1 能量级跃迁到 E_0 能量级，把能量 ΔE 传递给了光子，光子能量变为 $h\nu_0 + \Delta E$，称为反斯托克斯线（分子将能量传给光子）。

斯托克斯线和反斯托克斯线统称为拉曼谱线。由于通常情况下，分子绝大多数处于基态，故斯线远远强于反斯线，所以拉曼光谱一般只记录斯托克斯线。入射光照射到物质上，一部分光被散射，散射光与入射光频率相等时的散射现象就是瑞利散射，其散射光的强度与波长的四次方成反比。散射光频率与入射光频率不同时的散射现象叫拉曼散射，拉曼散射光对称地分布在瑞利光的两侧，其强度比瑞利光弱很多。拉曼散射发生的概率很小。

拉曼位移是指斯托克斯线或反斯托克斯线与入射光频率之差，又称拉曼频移位移。对于同一分子能级，斯托克斯线或反斯托克斯线的拉曼位移相等，且跃迁的概率也相等。拉曼位移的大小与入射光的频率无关，只与分子的能级结构有关，其范围为 $25 \sim 4\,000\ cm^{-1}$，因此入射光的能量应大于分子振动跃迁所需要的能量，小于电子能级跃迁的能量。

红外吸收光谱的强度与偶极矩的变化成正比，而拉曼光谱强度则取决于极化率的变化。所谓电极化，是指分子在外加电场作用下，其正负电荷中心因电场作用而相对位移，产生一个偶极矩。极化率是指单位电场强度所产生的电偶极矩。它反映的是分子中电子云形状受核运动影响的难易程度(也称极化度),所以拉曼谱强度决定于平衡前后电子云变化的大小。

2)拉曼光谱的选择定律

拉曼散射光谱与红外吸收光谱一样应遵循光的选择定律。红外吸收要服从一定的选择定则,即分子振动时只有伴随分子偶极矩发生变化的振动才能产生红外吸收。同样,在拉曼光谱中,分子振动要产生位移也要服从一定的选择定则,即只有伴随分子极化度发生变化的分子振动模式才能具有拉曼活性,产生拉曼散射。极化度是指分子改变其电子云分布的难易程度。只有分子极化度发生变化的振动才能与入射光的电场 E 相互作用,产生诱导偶极矩 μ

$$\mu = a_E E \tag{7.4}$$

拉曼光谱的强度与诱导偶极矩成正比。

拉曼散射符合以下选择定律:①互斥规则:有对称中心的分子,不可能同时有红外光谱和拉曼光谱;②互允规则:没有对称中心的分子,既可以是红外活性,也可是拉曼活性;③相互禁阻规则:少数分子的振动不具有红外和拉曼活性。

3)拉曼退偏振比

在多数的吸收光谱中,只具有两个基本参数(频率和强度),但在激光拉曼光谱中还有一个重要的参数即退偏振比(也可称为去偏振度)。由于激光是线偏振,而大多数有机分子是各向异性的,在不同方向上的分子被入射光电场极化程度是不同的。在拉曼光谱中采用退偏振比来表征分子对称性振动模式的高低。

$$\rho = \frac{I_\perp}{I_{//}} \tag{7.5}$$

式中,$I_\perp$ 和 $I_{//}$ 分别指与激光电矢量相垂直及平行的谱线强度。$\rho < 3/4$ 的谱带为偏振谱带,表示分子有较高的对称振动模式;$\rho = 3/4$ 的谱带为退偏振谱带,表示分子的对称振动模式较低。

4)拉曼光谱图

拉曼光谱图的纵坐标为相对强度,横坐标是波数,它表示的是拉曼位移值。拉曼散射光的强度与物质的浓度呈线性关系,可用于定量分析。但目前在定量分析上应用较少,主要是因为在采用单光束发射的条件下,所测量的拉曼信号强度明显地受到样品性质和仪器因素的影响。因此,目前拉曼散射光谱分析主要应用于分子的结构分析和晶体物理的研究工作。拉曼位移量的计算是以入射光频率或瑞利散射光频率为零进行衡量的,分子振动和转动能级的能量差与拉曼位移值的大小相对应,故同一振动方式的拉曼位移频率和红外吸收频率相等。无论采用多大频率的入射光照射同一物质,测试的拉曼光谱谱图中拉曼位移值相同。如图7.10是聚甲基丙烯酸甲酯(PMMA)的 IR 及 Raman 谱图。在 PMMA 拉曼光谱的低频区,出现了较为丰富的谱带信号,而其 IR 光谱的同一区域中的谱带信息较弱。PMMA 红外光谱的 C≡O 及 C—O 振动模式有强吸收峰,而 C—C 振动模式在拉曼光谱中较为明显,二者有较好的互补作用。

7.2.2　拉曼光谱仪器结构

激光拉曼光谱仪一般由激光光源、样品室、单色器、检测记录系统四部分组成。图7.11是激光拉曼光谱仪结构示意图。

1)激光光源

由于拉曼散射光很弱,要求用很强的单色光来激发样品才能产生足够强的拉曼散射信号,

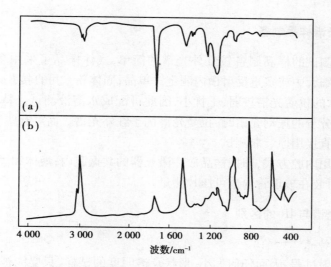

图7.10　PMMA 的红外光谱(a)及拉曼光谱(b)

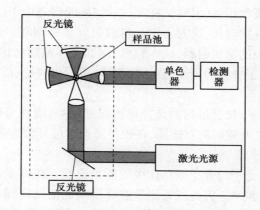

图7.11　激光拉曼光谱仪结构示意图

激光是很理想的光源。常见的有氦氖(He-Ne)激光器和氩离子(Ar⁺)激光器两种。在傅里叶变换拉曼光谱仪中,以迈克尔逊干涉仪代替分光元件,光源利用率高,可采用红外激光以避免分析物或杂质的荧光干扰。具有扫描速度快,分辨率高等优点。

2)外光路系统和样品池

为了分离所需的激光波长,最大限度地吸收拉曼散射光,外光路系统采用多重反射装置;为了减少光热效应和光化学反应的影响,样品池采用旋转式样品池。

3)单色器

由两个光栅组成的双联单色器或三联单色器,目的是把拉曼散射光分光并减弱杂散光。

4)检测及记录系统

样品产生的拉曼散射光经光电倍增管接收后转变为微弱的电信号,再经直流放大器放大后记录数据。

7.2.3　拉曼光谱样品制备

用于拉曼光谱测试的样品制备较红外光谱的简单,气体样品可采用多路反射气槽测定。液体样品可装入毛细管中或多重反射槽内测定。单晶,固体粉末可直接装入玻璃管内测试,也可配成溶液,由于水的拉曼光谱较弱、干扰小,因此可配成水溶液测试。特别是测定只能在水中溶解的生物活性分子的振动光谱时,拉曼光谱优于红外光谱。而对有些不稳定的、贵重的样品,则可不拆密封,直接用原装瓶测试。

气体样品可采用内腔方式,即把样品放在激光器的共振腔内;液体和固体样品放在激光器的外面;粉末样品可装在玻璃管内也可压片测量。

7.2.4　拉曼光谱与 IR 的区别

1)拉曼光谱的特点

拉曼效应是散射过程,因而任何大小、形状及透明度的试样,只要能被激光照射到就可以直接用来测试。由于激光束的直径非常小,且可聚焦,因而极微量试样都可以测试。水分子的极性很强,因而水的红外吸收很强,易对试样测试的红外光谱造成干扰。但水的拉曼散射却极微弱,因而水溶液样品可直接测试,这对生物材料的研究非常便利。此外,玻璃的拉曼散射也较弱,因而玻璃可作为理想的窗口材料,成本较低,例如液体或粉状固体试样可置于玻璃毛细管中测试。它适合用于分子骨架的测试,且无须制样,可提供快速、简单、可重复且无损的定性定量分析。

对于聚合物及其他分子,拉曼散射的选择定则限制较小,因而可得到更丰富的谱带。S—S、C—C、C=C、N—N 等红外较弱的官能团,在拉曼光谱中信号较为强烈。

2)拉曼光谱与 IR 的区别

拉曼效应产生于入射光子与分子振动能级的能量交换。在许多情况下,拉曼频率位移的程度正好相当于红外吸收频率。因此红外测量能够得到的信息同样也出现在拉曼光谱中,红外光谱解析中的定性三要素(即吸收频率、强度和峰形)对拉曼光谱解析也适用。但由于这两种光谱的分析机理不同,在提供信息上也是有差异的。

①拉曼光谱的常规测试范围是 $40 \sim 4\ 000\ cm^{-1}$,一台拉曼光谱仪就可以测试完整的振动频率范围,而红外光谱包括近红外、中红外和远红外三种范围,通常需要用几台仪器或用一台仪器分批次扫描才能完整测试整个光谱频率范围。

②拉曼光谱是利用可见光获取的,故拉曼光谱可用普通玻璃毛细管做样品池,拉曼散射光能全部通过玻璃,而红外光谱的样品池需要特殊材料制作。

③红外光谱一般不能用水做溶剂,因为红外样品池盐窗片都是金属卤化物,大多溶于水且水本身有红外吸收。但水的拉曼散射较弱,故水是拉曼光谱测试的一种优良溶剂。由于水很容易溶解大量无机物,因此无机物的拉曼光谱研究较多。

④虽然红外光谱可用于气液固三种状态的样品,但对于水溶液、单晶和聚合物都比较困难,而拉曼光谱比较方便,几乎可以不必特殊制样即可测试。拉曼光谱可以分析固体、液体和气体样品,固体试样直接测试,不用压片,但测试过程中易被高强度的激光束烧焦。拉曼光谱法的灵敏度很低,因为拉曼散射很弱,只有入射光的 $10^{-8} \sim 10^{-6}$。

⑤一般来说,极性基团的振动和分子非对称振动使分子的偶极矩变化,具有红外活性。非

极性基团的振动和分子的全对称振动使分子极化率发生变化,具有拉曼活性。故拉曼光谱最适用于同种原子的非极性键的振动,红外光谱适用于研究不同种原子的极性键的振动。

⑥拉曼光谱的频率位移不受单色光源频率的限制,可根据样品的性质选择,而红外光谱的光源不能随意变换。在测试拉曼光谱中无须特别制样,而红外光谱需要对样品进行前期处理。拉曼光谱强度与散射物质的浓度呈线性关系,而红外强度与物质浓度成对数关系。

7.2.5　拉曼光谱的特征

同种原子非极性键 S—S,C=C,N=N,C≡C,拉曼光谱谱带随单键、双键、三键谱带强度增加。红外光谱中,由 C≡N,C=S,S—H 伸缩振动的谱带较弱或强度可变,而拉曼光谱中则是强谱带。强极性基团,如极性基团 C=O,在红外中是强谱带,而在拉曼光谱中是弱谱带。环状化合物的对称振动常常是最强的拉曼谱带,形成环状骨架的键同时振动。C—C 伸缩振动谱带在拉曼光谱中强,红外光谱中弱。在拉曼光谱中,X=Y=Z,C=N=C,O=C=O 这类键的对称伸缩振动是强谱带,反之,非对称伸缩振动是弱谱带。红外光谱与此相反。醇和烷烃的拉曼光谱是相似的。

7.3　紫外-可见吸收光谱

紫外-可见吸收光谱是最早应用于有机物结构鉴定的光谱分析方法之一,也是常用的一种快速、简便的分析方法,主要用于分子价电子能级跃迁。在确定有机化合物的共轭体系、生色基和芳香性等方面比其他的仪器更有独到之处。紫外-可见吸收光谱法是根据溶液中物质的分子或离子对紫外光谱区或可见光谱区辐射能的吸收以研究物质组成和结构的方法。

电磁波与物质发生作用,物质吸收电磁波可产生电磁波谱。物质的运动包括宏观运动和微观运动。在微观运动中组成分子的原子之间的化学键在不断振动,当电磁波的频率等于振动频率时,分子即可吸收电磁波,使振动加剧。当采用紫外光照射分子时,电子就会吸收紫外光跃迁到能量更高的轨道上运动,由此运动产生的电磁波谱称为紫外-可见吸收光谱(Ultraviolet-Visible spectroscopy,UV-Vis)。紫外光的波长范围为 10 ~ 400 nm,其中 10 ~ 200 nm 称为远紫外光区,空气中的水汽、O_2、N_2、CO_2 等都会吸收该区域的紫外光产生紫外-可见吸收光谱。进行远紫外光区测定时,为避免空气的干扰,要使仪器的测量系统处于真空中,因此,远紫外光区又称为"真空紫外区"。这样的操作很麻烦,应用价值不大。常用的波段是 200 ~ 400 nm(近紫外光区)和 400 ~ 800 nm(可见光区),需要特别注意的是玻璃会吸收波长 300 nm 以下的紫外光,测定波长 300 nm 以下的紫外-可见吸收光谱要使用石英器件。

7.3.1　UV-Vis 基本原理

1)基本原理

不同物质结构不同,其分子能级的能量(各种能级能量总和)或能量间隔不同,因此不同物质将选择性地吸收不同波长或能量的外来辐射,这是 UV-Vis 分析的基本原理。分子振动能级跃迁所需的能量比电子能级跃迁小 10 倍;分子转动能级跃迁的能量变化比振动能级跃迁小 10 至 100 倍,因此在分子的电子能级跃迁时,必然伴随着振动能级跃迁和转动能级的跃迁,即在一个电子能级跃迁中可包含许许多多的振动能级和转动能级的跃迁。一般来说,振动能级跃迁所吸收的电磁辐射波长间距仅为电子跃迁的 1/16,而转动能级跃迁所吸收的电磁辐射的波长间距仅为电子跃迁的 1/100 至 1/1 000,如此小的波长间距,使分子的紫外-可见吸收光谱在宏观上呈现带状,称为带状光谱。物质对电磁波的吸收是由其结构确定的,所以可根据紫外-可见吸收光谱吸收带的波长及其电子跃迁的类型,判断化合物中可能存在的基团。

当有一频率 ν,即辐射能量为 $h\nu$ 的电磁辐射照射分子时,若辐射能量 $h\nu$ 恰好等于该分子较高能量与较低能量的能量差时,即有

$$\Delta E = h\nu = h \cdot \frac{c}{\lambda} \tag{7.6}$$

分子就吸收了该电磁辐射,发生能级的跃迁。若用一连续的电磁辐射以波长大小顺序分别照射分子,并记录物质分子对辐射吸收程度随辐射波长变化的关系曲线,这就是分子吸收曲线,通常叫分子吸收光谱(包括紫外-可见光谱)。当一束连续波长紫外光照射有机物时,化合物会对不同波长的光进行吸收,这时将不同波长的吸光度记录下来,以 λ 为横轴,吸光度 A 为纵轴,便可获得紫外吸收光谱。吸收光谱又称吸收曲线,曲线上的峰称为吸收峰,它所对应的波长称最大吸收波长(λ_{max}),曲线的谷所对应的波长称最低吸收波长(λ_{min})。

2)电子跃迁类型

电子在光照射下发生跃迁时,一般还伴随着体系中分子振动能级和转动能级的变化,跃迁前后的能量差为

$$\Delta E = \Delta E_{电子} + \Delta E_{振动} + \Delta E_{转动} \tag{7.7}$$

并非每一个能级都能产生跃迁,在电子光谱中,电子跃迁的概率有高有低,造成谱带有强有弱。

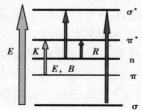

图 7.12 σ, π 和 n 轨道的能级

允许跃迁,跃迁概率大。吸收强度大;禁阻跃迁,跃迁概率小。吸收强度小,甚至观测不到。根据分子轨道理论,原子轨道经过线性组合生成分子轨道,两个原子可形成两个分子轨道,其中一个是成键轨道,一个是反键轨道。分子中轨道能级高低次序大致为:$\sigma < \pi < n < \pi^* < \sigma^*$,电子各轨道的能级如图 7.12 所示。

(1)σ 向 σ^* 跃迁

这种跃迁需要很多能量,吸收远紫外光区的能量,$\lambda < 200$ nm,因此只有单键构成的化合物属于此种跃迁。饱和烷烃的分子吸收光谱出现在远紫外光区,例如 CH_4: $\lambda_{max} = 125$ nm,C_2H_6: $\lambda_{max} = 135$ nm,C_3H_8: $\lambda_{max} = 190$ nm。一般饱和烃的 $\lambda_{max} < 150$ nm,所以近紫外区无饱和有机物的光谱。

(2)π 向 π^* 跃迁

不饱和化合物—C=C—有 π 电子,吸收能量后,跃迁到 π^*,所需能量较低,λ_{max} 在 200 nm 左右,ε 很大,属于强吸收。如 C_2H_4 的 λ_{max} 为 165 nm,ε 为 10^4 L $\cdot$ mol^{-1} $\cdot$ cm^{-1}。分子中有两个或多个双键共轭,随共轭体系的增大而向长波方向移动,一般波长 >200 nm。其吸收波长一般受组成不饱和的原子影响不大;摩尔吸光系数 ε 都比较大,通常在 10^4 L $\cdot$ mol^{-1} $\cdot$ cm^{-1} 以上;不饱和键数目对 λ_{max} 和 ε 有影响。

(3)n 向 π^* 跃迁

由 n 电子从成键轨道向 π^* 反键轨道的跃迁,含有不饱和杂原子基团的有机物分子,基团中既有 π 电子,也有 n 电子,可以发生这类跃迁。n 向 π^* 跃迁所需的能量最低,因此吸收辐射

的波长最长,一般都在近紫外光区,甚至在可见光区。如连有杂原子的双键化合物—C═O,—C≡N,—N═O,—N═N—。杂原子上有 n 电子,吸收能量产生 n 向 π^* 跃迁,但吸收很弱,$\varepsilon < 10$ L·mol^{-1}·cm^{-1}。n 轨道的能级最高,所以 n 向 π^* 跃迁的吸收谱带波长最长。

(4)n 向 σ^* 跃迁

分子中含有 O、N、S、X 等杂原子,可产生 n 向 σ^* 跃迁,所需能量与 π 向 π^* 跃迁接近,一般吸收发生在波长 250～150 nm,但主要在波长 200 nm 以下,属于远紫外光区。含非成键电子(n 电子)的饱和烃衍生物(含 N、O、S 和卤素等杂原子),它们除了有 σ 向 σ^* 跃迁外,还有 n 向 σ^* 跃迁。跃迁能量较低,吸收光谱 λ_{max} 一般在 200 nm 左右。原子半径较大的硫或碘的衍生物 n 电子的能级较高,n 向 σ^* 跃迁吸收光谱的 λ_{max} 在近紫外区 220～250 nm 附近。原子半径较小的氧或氯衍生物,n 电子能级较低,吸收光谱 λ_{max} 在远紫外光区 170～180 nm 附近。

几乎所有的有机分子的紫外-可见吸收光谱是由于 π 向 π^* 或 n 向 π^* 跃迁所产生的。表 7.6 是电子在不同能级间跃迁类型的比较及其所涉及的化学键。

表 7.6　电子在不同能级间跃迁类型的比较

项目	σ 向 σ^* 跃迁	n 向 σ^* 跃迁	π 向 π^* 跃迁	n 向 π^* 跃迁
吸收强度	强	弱	强	弱
吸收波长	< 150 nm	< 250 nm	> 160 nm	> 250 nm
涉及的化学键	C—C	C—N	C═C	C═N
	C—H	C—O	C═N	C═O
	C—X	C═O	C═S	
	C—S	C═S		

3)光吸收定律

(1)吸收定律

当强度为 I_0 的一定波长的单色入射光束通过装有均匀待测物的溶液介质时,该光束将被部分吸收 I_a,部分反射 I_r,余下的则通过待测物的溶液 I_t,即有

$$I_0 = I_a + I_t + I_r \tag{7.8}$$

如果吸收介质是溶液(测定中一般是溶液),式中反射光强度主要与器皿的性质及溶液的性质有关,在相同的测定条件下,这些因素是固定不变的,并且反射光强度一般很小。所以可忽略不计,这样

$$I_0 = I_a + I_t \tag{7.9}$$

即一束平行单色光通过透明的吸收介质后,入射光被分成了吸收光和透射光。待测物溶液对此波长的光的吸收程度可以用透光率 T 和吸光度 A 来表示。透光率表示透过光强度与入射光强度的比值,用 T 来表示,计算式为

$$T = I_t/I_0 \tag{7.10}$$

T 常用百分比表示。透光率的倒数的对数叫吸光度。用 A 表示

$$A = -\lg T \tag{7.11}$$

当用一束强度为 I_0 的单色光垂直通过厚度为 b、吸光物质浓度为 c 的溶液时,溶液的吸光

度正比于溶液的厚度 b 和溶液中吸光物质的浓度 c 的乘积。数学表达式为

$$A = -\lg T = Kbc \tag{7.12}$$

（2）比例常数 K 的表示方法

吸收定律的数学表达式中的比例常数叫"吸收系数"，它的大小可表示出吸光物质对某波长光的吸收本领（吸收程度）。它与吸光物质的性质、入射光的波长及温度等因素有关。另外，K 的值随着 b 和 c 单位的不同而不同。

当溶液浓度 c 的单位为 g/L，溶液液层厚度 b 的单位为 cm 时，K 叫"吸收系数"，用 a 表示，其单位为 $L \cdot g^{-1} \cdot cm^{-1}$，此时

$$A = abc \tag{7.13}$$

由式（7.13）可知：$a = A/bc$，它表示的是当 $c = 1$ g/L、$b = 1$ cm 时溶液的吸光度。

当溶液浓度 c 的单位为 mol/L，液层厚度 b 的单位为 cm 时，K 叫"摩尔吸光系数"，用 ε_λ 表示，其单位为 $L \cdot mol^{-1} \cdot cm^{-1}$，此时

$$A = \varepsilon_\lambda bc \tag{7.14}$$

由式（7.14）可知：$\varepsilon_\lambda = A/bc$，它表示的是当 $c = 1$ mol/L，$b = 1$ cm 时，物质对波长为 λ 的光的吸光度。

$$\varepsilon_\lambda = a \cdot M \tag{7.15}$$

式中，M——吸光物质的分子量。摩尔吸光系数越大，表示物质对波长为 λ 的光的吸收能力越强，同时在分光光度法中测定的灵敏度也越大。一般 $\varepsilon > 10^5$ $L \cdot mol^{-1} \cdot cm^{-1}$ 为超高灵敏；$\varepsilon = 6 \times 10^4 \sim 10 \times 10^4$ $L \cdot mol^{-1} \cdot cm^{-1}$ 代表高灵敏；$\varepsilon < 2 \times 10^4$ $L \cdot mol^{-1} \cdot cm^{-1}$ 代表不灵敏。

ε 是吸收物质在一定波长和溶剂条件下的特征常数；它不随浓度 c 和光程长度 b 的改变而改变。在温度和波长等条件一定时，ε 仅与吸收物质本身的性质有关，与待测物浓度无关；可作为定性分析的参数；同一吸收物质在不同波长下的 ε 值是不同的。在最大吸收波长 λ_{max} 处的摩尔吸光系数，常以 ε_{max} 表示。ε_{max} 表明了该吸收物质最大限度的吸光能力，也反映了光度法测定该物质可能达到的最大灵敏度。

（3）吸收定律的适用条件

吸收定律使用的前提是必须使用单色光为入射光；吸收定律对紫外光、可见光、红外光都适用；溶液为稀溶液；吸收定律能够用于彼此不相互作用的多组分溶液。它们的吸光度具有加和性，且对每一组分分别适用，即

$$A_{总} = A_1 + A_2 + A_3 + \cdots + A_n = \varepsilon_1 bc_1 + \varepsilon_2 bc_2 + \varepsilon_3 bc_3 + \cdots + \varepsilon_n bc_n \tag{7.16}$$

（4）偏离 L-B 定律的因素

样品吸光度 A 与光程 b 总是成正比。但当 b 一定时，A 与 c 并不总是成正比，即偏离 L-B 定律。这种偏离由样品性质和仪器决定。

样品性质的影响主要包括：待测物高浓度，吸收质点间隔变小，质点间相互作用，使基团对特定辐射的吸收能力发生变化—ε 变化（L-B 定律只适用于稀溶液，浓度 <0.01 mol/L，浓度大时会偏离）；溶液中各组分的相互作用，如缔合、离解、光化反应、异构化、配体数目改变等，产生的产物有不同的吸收光谱，即吸光物质的浓度与溶液的示值浓度不呈正比例变化；溶剂的影响，对待测物生色团吸收峰强度及位置产生影响；胶体、乳状液或悬浮液对光的散射损失。

仪器因素包括光源稳定性以及入射光的单色性等。入射光的非单色性：不同光所产生的吸收不同，可导致测定偏差。另外，"单色光"仅是理想情况，经分光元件色散所得的"单色光"

实际上是有一定波长范围的光谱带(即谱带宽度)。单色光的"纯度"与狭缝宽度有关,狭缝越窄,它所包含的波长范围越小,单色性越好。

4)常用术语

(1)发色团

凡是可以使分子在紫外-可见光区产生吸收带的原子团,统称为发色团。一般在发色团中含有不饱和键,如 C=C、C=O、N=N、NO$_2$ 等,这些不饱和键能产生 $\pi \rightarrow \pi^*$ 和 $n \rightarrow \pi^*$ 跃迁。

(2)助色团

含有杂原子的基团如—OH、—NH$_2$ 等,当它与发色团相连时,能使发色团的吸收波长变大或吸收强度增加,这些基团称为助色团。常见助色团助色顺序为:—Br < —OH < —OCH$_3$ < —NH$_2$ < —NHCH$_3$ < —NH(CH$_3$)$_2$ < —NHC$_6$H$_5$ < —O$^-$。如图 7.13 苯在 210 nm 和 254 nm 处分别有两个吸收峰,由于苯胺中含有—NH$_2$,使两个吸收峰发生漂移,分别出现在 232 nm 和 283 nm处,吸收波长变大。

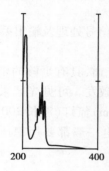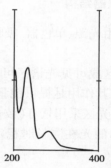

图 7.13　苯和苯胺的紫外吸收光谱

(3)红移

由于分子的结构变化或溶剂的影响,某些有机化合物经取代反应引入含有未共享电子对的基团之后,吸收峰的波长将向长波方向移动,这种效应称为红移效应。

(4)蓝移

在某些发色团如羰基的碳原子一端引入一些取代基之后,吸收峰的波长会向短波方向移动,这种效应称为蓝移(紫移)效应,如—R,—OCOR。蓝移和红移的本质是分子结构的变化导致化合物紫外吸收光谱发生明显的移动。由于溶剂对电子光谱图影响很大,因此,在吸收光谱图上或数据表中必须注明所用的溶剂。与已知化合物紫外吸收光谱做对照时也应注明所用的溶剂是否相同。在进行紫外吸收光谱法分析时,必须正确选择溶剂。

(5)临界透明波长

凡不吸收紫外光的物质称为透明。不吸收紫外光的最小波长称为临界透明波长。

5)紫外-可见吸收光谱可测的物质信息

紫外-可见吸收光谱可用于物质的定性定量分析,主要表现在以下几方面:

①紫外光谱可以用于有机化合物的定性分析,通过测定物质的最大吸收波长和吸光系数,或者将未知化合物的紫外吸收光谱与标准谱图对照,可以确定化合物的存在;

②可以用来推断有机化合物的结构,例如确定 1,2-二苯乙烯的顺反异构体;

③进行化合物纯度的检查,例如可利用甲醇溶液吸收光谱中在 256 nm 处是否存在苯的 B

吸收带来确定是否含有微量杂质苯;

④进行有机化合物、配位化合物或部分无机化合物的定量测定,这是紫外吸收光谱最重要的用途之一。

6)紫外-可见吸收光谱的特点

与其他光谱相比,紫外-可见吸收光谱具有以下优点:

①灵敏度高:常用于测定试样中 $10^{-3}\%$ ~ 1% 的微量组分,甚至可测定低至 $10^{-5}\%$ ~ $10^{-4}\%$ 的痕量组分;

②准确度较高:相对误差为 2% ~ 10%。如采用精密分光光度计测量,相对误差可减少至 1% ~ 2%;

③应用广泛:几乎所有的无机离子和许多有机化合物都可直接或间接地用此法测定;

④操作简便快速,仪器设备也不复杂。

7.3.2　UV-Vis 仪器结构

紫外分光光度计由光源、单色器、吸收池、检测器、信号处理及输出系统组成。

1)光源

在整个紫外光谱区或可见光谱区可以发射连续光谱,具有足够的辐射强度、较好的稳定性、较长的使用寿命。其作用是提供能量使被测物质激发。可见光区采用钨灯和碘灯(波长 340 ~ 2 500 nm)、紫外光区采用氢灯(波长 160 ~ 375 nm)氙灯(波长 200 ~ 1 000 nm)做光源。另外,为了使光源发出的光在测量时稳定,光源的供电一般都要用稳压电源,即加有一个稳压器。

2)单色器

单色器是将光源发射的复合光分解成单色光并可从中选出紫外光区任一波长单色光的光学系统。其作用是从光源的复合光中分出所需的单色光,单色器的性能直接影响到测定的灵敏度、选择性及校准曲线的线性关系等。其核心部分是色散元件,起分光作用。一般的色散元件由棱镜组成。棱镜有玻璃和石英两种材质。由于玻璃会吸收紫外光,所以玻璃棱镜只适用于波长 350 ~ 3 200 nm 的可见光和近红外光谱区波长范围。石英棱镜适用的波长范围较宽,为 185 ~ 4 000 nm,即可用于紫外、可见、红外三个光谱区域。目前,市售仪器几乎都用光栅做色散原件。

3)吸收池

用于盛放分析的试样溶液,让入射光束通过。一般由玻璃(可见光)和石英(可见光及紫外光)两种材料做成,最常用的是 1 cm 的吸收池。为减少光的反射损失,吸收池的光学面必须严格垂直于光束方向。测试时溶剂在测定的波长区域内不能有吸收。

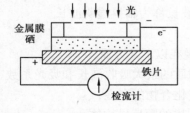

图 7.14　硒光电池结构示意图

4)检测器

检测器是一种光电转换元件,是检测单色光通过溶液被吸收后透射光的强度,并把这种光信号转变为电信号的装置。如光电管(图 7.14 是硒光电池结构示意图),光电倍增管,二极管阵列检测器。光电倍增管是一个非常灵敏的光电器件,可以把微弱的光转换成电流。它是利用二次电子发射以放大光电流,放大倍数可达到 10^8 倍。

5）信号处理及输出系统

记录装置一般用计算机代替，计算机用于仪器控制、数据存取、数据处理。

7.3.3　UV-Vis 曲线分析

1）相关概念

①强带是指在紫外光谱中，凡摩尔吸光系数大于 10^4 L·mol^{-1}·cm^{-1} 的吸收带。

②弱带是指摩尔吸光系数小于 1 000 L·mol^{-1}·cm^{-1} 的吸收带称为弱带。

③末端吸收：在仪器极限处测出的吸收。

④肩峰：吸收曲线在下降或上升处有停顿，或稍微增加或降低的吸收峰，是由于主峰内隐藏有其他峰。

2）吸收带

根据电子和轨道的种类，可以把吸收谱带分为四类。

（1）R 吸收带

由带有 O、N、S 等杂原子的发色团的 n 向 π^* 跃迁而引起的吸收称为 R 吸收带。R 吸收带吸收波长较长，吸收较弱，一般 $\varepsilon_{max} < 100$ L·mol^{-1}·cm^{-1}，测定这种吸收带需浓度较大些的溶液。

（2）K 吸收带

K 吸收带是由共轭双键中 π 向 π^* 跃迁引起的吸收带，产生该吸收带的发色团是分子中共轭系统。特点是波长小于 R 吸收带，吸收强，$\varepsilon_{max} > 10^4$ L·mol^{-1}·cm^{-1}。

（3）B 吸收带

B 吸收带是芳香族化合物的特征吸收带，是苯环振动及 π 向 π^* 跃迁重叠引起的，在 230 ~ 270 nm（$\varepsilon = 200$）谱带上，出现精细结构吸收，常用来辨认芳香族化合物。芳香族化合物中有 K、B、R 吸收带，则 R 带波长最长，B 带次之，K 带最短。

（4）E 吸收带

E 吸收带属于 π 向 π^* 跃迁，芳香化合物特征吸收带之一，分为 E_1、E_2 吸收带。E_1 吸收带的吸收峰在 184 nm 左右，吸收特别强，$\varepsilon_{max} > 10^4$，是由苯环内乙烯键上的 π 电子被激发所致。E_2 吸收带在 203 nm 处，中等强度吸收（$\varepsilon_{max} = 7\ 400$），是由苯环的共轭二烯所引起。当苯环上有发色团取代并和苯环共轭时，E 吸收带和 B 吸收带均发生红移，E_2 吸收带又称为 K 吸收带。图 7.15 是苯的紫外吸收光谱（异辛烷）

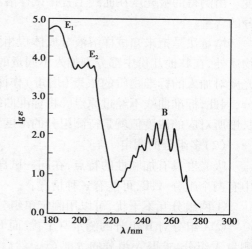

图 7.15　苯的紫外吸收光谱（异辛烷）

3）紫外吸收光谱提供的信息

①200 ~ 800 nm 内无紫外、可见吸收，该化合物可能是脂肪烃、脂环或者是其简单的衍生物，甚至是非共轭的烯，另外，很可能不含孤立的双键。

②220 ~ 250 nm 显示强吸收，表明 K 吸收带存

在,即存在共轭的两个不饱和键。

③250～290 nm 显示中等强度吸收,且常显示不同程度的精细结构,说明苯环或某些杂芳环存在。

④250～350 nm 显示中、低等强度吸收,说明羰基或共轭羰基的存在。

⑤300 nm 以上的高强度吸收,说明该化合物具有较大的共轭体系,如果高强度吸收具有明显的精细结构,说明稠环芳烃、稠环杂芳烃及其衍生物的存在。

⑥如果 200～250 nm 有强吸收带(ε_{max} = 10 000 左右),就有共轭二烯或 α 、β 不饱和醛酮。如果在 260 nm,300 nm 或 330 nm 附近有强吸收带,就各有 3,4 或 5 个共轭系。

⑦如果在 260～300 nm 有中等强度的吸收带(ε_{max} = 200～1 000),就很可能有芳香环。如果在 290 nm 附近有弱吸收带(ε_{max} = 20～100),就有酮或醛。

7.3.4　UV-Vis 的应用

1)定性分析

紫外可见吸收光谱中的峰形状、峰数目、波长位置及 ε_{max}(化合物特性参数),可作为有机化合物定性的依据。有机化合物紫外吸收光谱反映结构中生色团、助色团特性,不能够完全反映分子特性。需要注意的是结构相同的化合物一定具有相同的吸收光谱,但吸收光谱相同的却不一定是相同的化合物。计算吸收峰波长,可确定共轭体系等。分析时可采用标准谱图对比法,目前标准谱图库中含有 46 000 种化合物紫外吸收光谱的标准谱图。

2)定量分析

(1)微量单组分的测定

微量单组分的测试主要分为标准曲线法和增量法。标准曲线法原理是配制一系列不同含量的待测组分的标准溶液,以不含待测组分的空白溶液为参比,测定标准溶液的吸光度。并绘制吸光度-浓度曲线,得到标准曲线(工作曲线),然后再在相同条件下测定试样溶液的吸光度。由测得的吸光度在曲线上查得试样溶液中待测组分的浓度,最后计算得到试样中待测组分的含量。

增量法是把未知试样溶液分成体积相同的若干份,除其中的一份不加入待测组分的标准物质外,在其他几份中都分别加入不同量的标准物质。然后测定各份试液的吸光度并绘制吸光度对加入的标准物质的浓度(增量)作图,得一标准曲线。由于每份溶液中都含有待测组分,因此,标准曲线不经过原点。将标准曲线外推延长至与横坐标交于一点,则此点到原点的长度所对应的浓度值就是待测组分的浓度。

(2)多组分的测定

吸光度具有加和性的特点,在同一试样中可以同时测定两个或两个以上组分。假设试样中有两个组分 A、B,可能有三种情况:

①两组分互不干扰,可以用测定单组分的方法分别在 λ_1、λ_2 测定 A,B 两组分;

②A 组分对 B 组分的测定有干扰,而 B 组分对 A 组分的测定无干扰,则可以在 λ_1 处单独测量 A 组分,求得 A 组分的浓度 C_A。然后在 λ_2 处分别测量 A,B 纯物质 ε,最后在 λ_2 处测定试液的吸光度,根据吸光度的加和性,求得 C_B。

③两组分彼此互相干扰,在 λ_1,λ_2 处分别测定溶液的吸光度,而且同时测定 A,B 纯物质的吸光度,然后列出联立方程,即可求解。

（3）高含量组分的测定—示差法

配制一系列浓度相差较小的待测组分，且待测组分浓度与试液浓度相近的标准溶液，以其中浓度最小的标准溶液（C_s）作参比溶液，测定其他标准溶液的吸光度，以吸光度对测定溶液和参比溶液的浓度差作图，得一过原点的标准曲线（图7.16）。

再在相同的条件下测定试液的吸光度，由曲线上查得试液的浓度与参比溶液浓度的差值，从而求得待测组分的浓度。

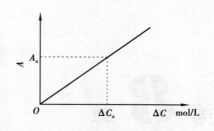

图7.16 示差法标准工作曲线

$$C_x = C_s + \Delta C_x \tag{7.17}$$

3）摩尔质量的测定

若一化合物能制成在紫外光区有强吸收的衍生物，而本身又无吸收，则可测衍生物的 ε，来计算化合物的分子量 M。物质的量浓度是指单位体积内物质的摩尔数，

$$c = \frac{n}{v} \tag{7.18}$$

$$n = \frac{m}{M} \tag{7.19}$$

联立式（7.18）和式（7.19）可得

$$c = \frac{m}{vM} \tag{7.20}$$

联合式（7.14）可得

$$M = \frac{\varepsilon bm}{Av} \tag{7.21}$$

式中，m——单位质量；

v——单位体积。

课后思考题

1. 名词解释：振动光谱、简正振动、工作曲线、瑞利散射、拉曼散射、斯托克斯线、反斯托克斯线、拉曼位移、蓝移、红移、发色团、助色团、激发光谱、发射光谱。

2. 产生红外吸收的条件是什么？

3. 简述红外光谱定性分析的理论基础。

4. 固态样品红外光谱检测时如何制样？

5. 拉曼散射的选择定律？

6. 拉曼光谱的优点有哪些？

7. 拉曼光谱与红外光谱的区别有哪些？

8. 紫外-可见光谱在材料研究中的应用有哪些？

9. 已知某化合物的相对分子量为251，将此化合物用已醇作溶剂配成浓度为0.15 mmol·L^{-1}溶液，在480 nm处用2.00 cm吸收池测得透光率为39.8%，求该化合物在上述条件下的摩尔吸光系数和吸光系数。

第 **8** 章
其他现代分析技术

8.1　X射线光电子能谱

　　X射线光电子能谱(X-ray photoelectron spectroscopy, XPS)是20世纪60年代瑞典科学家 K. Siegbahn 及其科研小组发明的一种分析方法,他们测定了元素周期表里各元素的轨道电子结合能,并于1981年获得了诺贝尔物理学奖。XPS是十分重要的表面分析方法,可以测定表面的化学组成,确定各元素的化学状态,被广泛应用在化学、材料科学及表面科学的研究工作中。目前XPS在材料研究领域主要用于化合态的识别,定性和定量分析,可以分析除 H 和 He 以外的所有元素。此外,X射线光电子能谱还可进行元素沿深度方向分布的分析和成像分析等。

　　1887年赫兹首次发现了光电效应。1905年爱因斯坦用普朗克的能量量子化理论解释了光电效应,并获得1921年诺贝尔物理学奖。在光电离过程中,光子和物质原子碰撞后将全部能量传给原子中的电子而自身湮灭,其性质是电子的跃迁过程。与一般电子的吸收和发射过程不同,光电离是一步完成的过程,无须遵守任何选择定律,即任何轨道上的电子都可能被电离。光电离是一个共振吸收过程,满足:$h\nu = \Delta E$,在光电离过程产生的光电子强度与光电离截面有关。

8.1.1　结合能与XPS基本原理

　　原子中电子结合能(E_B)是指将特定能级上的电子移到费米能级或移到自由原子和分子的真空能级所需消耗的能量。结合能代表了原子中电子(n,l,m,s)与核电荷之间的相互作用强度。目前结合能的两种获取方法主要包括直接测定和用量子化学的从头计算法进行理论计算。

　　实际样品的XPS测量的E_B值与计算的轨道能量有$10 \sim 30$ eV的误差。实际上E_B通常与电子的初态、终态和弛豫过程有关。弛豫过程使离子回到基态并释放出弛豫能E_{relax},由于弛豫过程和光电子发射过程同时进行,使射出的光电子加速,提高了光电子动能,因此必须考虑相对论效应和电子相关作用,准确的理论计算为

$$E_B = E_{SCF} = E_{relax} + E_{relat} + E_{corr} \tag{8.1}$$

式中，E_{SCF}——库普曼斯自洽场理论模型计算出的结合能；

　　E_{relat} 和 E_{corr}——相对论效应和电子相关作用对结合能的校正。

当光子与试样相互作用时，从原子中各能级发射出来的光电子数是不同的，是有一定的概率，这个光电效应的概率常用光电效应截面 σ 表示，它与电子所在壳层的平均半径 r、入射光子频率 v 和受激原子的原子序数 Z 等因素有关。σ 越大，说明该能级上的电子越容易被激发，与同原子其他壳层上的电子相比，它的光电子能谱峰的强度就较大。各元素都有某个能级能够发出最强的光电子（最大的 σ），这是光谱分析的依据。

当用一定能量的光束作用于试样时，其表面不同原子的电子或相同原子不同能级的电子被激发成具有不同动能的光电子。这些具有特征能量的光电子与特定原子中特定电子的结合能相对应，带有试样表面材料的信息。电子能谱仪收集这些光电子，整理并记录它们的能量分布即光电子能谱，由此分析出样品表面原子或离子的组成和状态。

X 射线光电子能谱是以 X 射线为激发源作用于试样表面来获取光电子能量的分布信息。X 射线能量高，能够激发原子的内层电子，X 射线光电子能谱中各特征谱线的峰位、峰形和强度（以峰高或峰面积表征）反映样品表面的元素组成、相对浓度、化学状态和分子结构，XPS 依此对样品进行表面分析。

8.1.2　化学位移

化学位移是由于原子所处的化学环境（与之相结合的元素种类和数量，原子化学价）不同引起的内层电子结合能的变化。它是判定原子化合态的重要依据，原子的初态和终态效应是影响化学位移的主要因素。

1）初态效应

根据原子中电子结合能的表达式 $E_B = E_{(n-1)} + E_{(n)}$，$E_{(n)}$ 表示原子初态能量，$E_{(n-1)}$ 表示电离后原子的终态能量。因此，原子的初态和终态直接影响着电子结合能的大小。目前化学位移的理论计算主要包括电荷势模型、等效原子实模型、价势模型和原子势能模型四种方法。

2）终态效应

终态效应有弛豫现象、多重分裂、电子的震激和震离等，使 XPS 谱图上出现一些伴峰。

（1）弛豫现象

弛豫可分为原子内项（原子内部电子调整的影响）和原子外项（其他原子的电子结构调整带来的影响）。

（2）多重分裂（静电分裂）

由于原子核和电子的库伦作用、各电子间的排斥作用、轨道角动量之间的作用、自旋角动量之间的作用以及轨道角动量和自旋角动量之间的耦合作用引起 XPS 谱图中出现多个分裂峰，其分裂间隔正比于 $2S+1$，S 为成对电子的总自旋。

（3）多电子激发

原子中的电子受光辐射后，可产生单电子激发或多电子激发，多电子激发包括震激和震离，震激表示价壳层电子跃迁到更高能级的束缚态，不脱离原子；震离表示价壳层电子跃迁到非束缚的连续态成为自由电子。多电子激发主要发生在过渡金属氧化物中。

8.1.3 X 射线光电子能谱仪

X 射线光电子能谱仪主要由 X 射线源、样品室、真空系统、能量分析器、记录装置等组成。重点介绍一下真空系统、X 射线源和能量分析器三部分。

1）真空系统

通常超高真空系统真空室由不锈钢材料制成，真空度优于 10^{-8} mbar（1 mbar = 100 Pa）超高真空一般由多级组合泵系统来获得。新型 X 射线光电子能谱仪普遍采用机械泵-涡轮分子泵-溅射离子泵或钛升华泵的三级真空泵系统来达到超高真空。

2）X 射线源

用于产生具有一定能量的 X 射线的装置。当高能电子轰击阳极靶会产生特征 X 射线，其能量取决于阳极靶的原子内部的能级，此外还可能产生韧致辐射。XPS 中所用的特征 X 射线因具有特征辐射，其线宽较窄，单色性好，所得信息准确。目前最常用的 X 射线源是 Al 或 Mg 双阳极 X 射线源的 $K_{\alpha1,2}$ 发射线。双阳极靶 X 射线激发源主要由灯丝、栅极和阳极靶组成，由 X 射线源内电子轰击 Mg 或 Al 靶产生 X 射线，如图 8.1 所示。

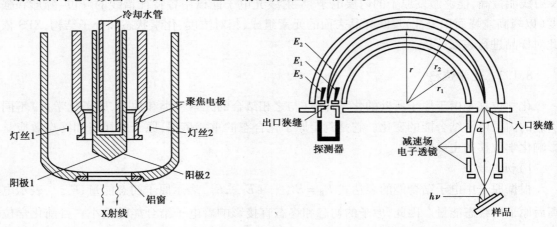

图 8.1 双阳极靶 X 射线源   图 8.2 半球型能量分析器

3）能量分析器

分析器由电子透镜系统、能量分析器和电子检测器组成。常用的静电偏转型分析器有球面偏转分析器（CHA）和筒镜分析器（CMA）两种。能量分析器是电子能谱仪的核心部件，其作用是测量样品表面出射的电子能量分布。它是 XPS 光电子能谱仪的核心部分。分析器分为磁场式和静电式两种，多采用静电式。常用的静电式分析器又可分为半球型和柱镜型两种。

半球型分析器由两个同心半球构成，半球两端各有一个狭缝，入口狭缝接收从样品表面发射出的光电子，出口狭缝连接探测器，其结构如图 8.2 所示。

半球型分析器工作时，内、外半球分别加上正、负电压，由入口狭缝进入分析器的光电子在电场作用下发生偏转，沿圆形轨道运动。当电压一定时，光电子运动轨道半径取决于光电子的能量。具有某种能量（如 E_2）的光电子以相同半径运动并在出口处的探测器上聚焦，而具有其他能量（如 E_1 与 E_3）的光电子则不能聚焦在探测器上。如此连续改变扫描电压，则可依次使不同能量的光电子在探测器上聚焦，从而得到光电子的能量分布。

8.1.4 XPS 谱图分析方法与实验技术

1）XPS 谱图分析方法

XPS 谱图包含了化学位移、俄歇电子谱线、电子自旋-轨道分裂、价电子结构等方面的信息。分析时可采用全谱扫描（0~1 200 eV）和窄区扫描。

（1）定性分析

①光电子谱线：谱线较窄而且对称出现。

②X 射线的伴峰：由 X 射线源的复杂性引起的，区别于 Auger 电子峰和 X 射线光电子峰。

③Auger 谱线：由于 Auger 电子的动能和 X 射线光电子的结合能是固定的，可通过改变激发源观察伴峰位置是否改变来确定 Auger 谱线。

④X 射线"鬼峰"：由电源阳极的不纯或被污染引起的 X 射线不纯，出现一些污染峰。

⑤震激线和震离线：在光电子发射中，因内层形成空位，原子中心电位发生骤然变化引起外壳层电子跃迁，发生震激和震离。震激和震离均消耗能量，使最初的光电子动能下降。

⑥多重分裂：当原子的价壳层有未成对的自旋电子时，电离所形成的内层空位将与之耦合，使体系出现多个终态，在 XPS 谱图中出现谱线分裂。

⑦能量损失峰：光电子在离开样品表面的过程中可能会和表面的其他电子相互作用而损失一定的能量，从而在 XPS 谱图低动能一侧出现一些伴峰（能量损失峰）。

（2）化学态分析

①光电子谱线化学位移：由于电子的结合能会随电子环境的变化发生化学位移，位移与原子上电荷密度密切相关，而元素的电荷密度受原子周围环境（如电荷、元素价态、成键情况等）的影响。因此可通过测定化学位移，分析元素的状态和结构。

②震激谱线：过渡元素、稀土元素和锕系元素的顺磁化合物的 XPS 谱图中常出现震激现象，因此常用震激效应的存在与否来鉴别顺磁态化合物的存在与否。

③多重分裂：过渡元素及其化合物的电子能谱中均发生多重分裂，其分裂峰之间的距离与元素的化学状态密切相关。可根据谱线是否分裂及分裂的距离再结合谱线能量的位移和峰形的变化来准确地确定元素的化学状态。

（3）定量分析

一般来说，光电子强度的大小主要取决于样品中所测元素的含量（或相对浓度）。因此，通过测量光电子的强度就可以进行 X 射线光电子能谱定量分析。但直接用谱线的强度进行定量，所得到的结果误差较大。这是由于光电子的强度不仅与原子的浓度有关，还与光电子的平均自由程、样品的表面光洁度、元素所处的化学状态、X 射线源强度以及仪器的状态有关。所以，不能直接用谱线的强度进行定量。

目前常用的 XPS 定量分析法有标样法、元素灵敏度因子法和一级原理模型法三种，其中元素灵敏度因子法是应用最多的一种。该方法利用特定元素谱线强度做参考标准，测得其他元素相对谱线强度，求得各元素的相对含量。元素灵敏度因子法是一种半经验性的相对定量方法。对于均匀无限厚固体表面两个元素 i 和 j，若已知其灵敏度因子 S_i 和 S_j

$$\frac{n_i}{n_j} = \frac{I_i/S_i}{I_j/S_j} \tag{8.2}$$

则

$$C_i = \frac{I_i/S_i}{\sum\limits_{j}^{\infty} I_j/S_j} \tag{8.3}$$

对于任一元素选择具有最大原子灵敏度因子的最强峰定量可获得最大化检测灵敏度和精确度。

2）XPS 实验技术

XPS 可以测定固态、液态和气态样品，主要分析其表面信息。因此材料的表面性质将影响测定结果，为避免误差须在测试前对样品进行预处理。

（1）样品制备

①粉末样品。

胶粘法：将粉末黏结在导电的双面胶上。其缺点是导电胶在真空下蒸发，污染样品室和样品，另外胶粘剂不能加热也不能冷却。

压片法：把样品均匀地撒在金属网上，然后压成薄片。要保证金属网材质在室温和高温下都不会和样品反应。此法优点是不怕污染，可在加热和冷却条件下测试，信号强度高，是粉末样品最常用的方法。

溶剂处理法：将粉末溶于易挥发溶剂中制成溶液，把溶液涂在样品台或金属片上，待溶剂蒸发。优点是试样用量少。需注意必须待溶剂完全蒸发才能测量，避免溶剂含有与样品中相同元素造成的干扰。

②块状样品。

块状样品可直接固定在样品托上，样品形状和大小主要取决于样品托的大小。金属样品可采用电焊法固定；非金属样品一般采用真空性能好的银胶固定；此外还可采用真空蒸发喷镀法。块状样品的表面应尽可能的光滑以获得强度较高的谱图，样品经研磨后去除研磨剂，防止油渍污染，以消除 C，O 等元素峰的影响。可用挥发性好的溶剂清洗或微加热样品（应确保样品不被氧化）。

③液态与气态样品。

液态样品一般采用直接法和间接法进行测试。直接法是将溶液铺展在被酸侵蚀过的金属板上，待溶剂挥发后测定。金属板一般采用铝板，在浓度为 3 mol/dm^3 的 HCl 溶液中浸蚀 2 ~ 3 min。间接法是采用冷冻法或蒸发冷冻法将液态变成固态后测定。

气态样品一般采用冷凝法直接测定，但是测定气态样品的技术难度特别高，一般很难分析到比较可靠的数据。

（2）样品预处理

为避免样品受污染，电子能谱仪都设有样品预处理室，预处理室与样品室分隔。制备好的样品要放在样品预处理室内进行预处理后才能进行测试。

①清洁样品表面的方法。

在 XPS 样品清洁处理时常有加热法和离子溅射法。加热法可将表面的油污除去，但易氧化的样品在高温下样品基体会与表面产生扩散现象，不适于加热。离子溅射法又称刻蚀法，采用氩离子轰击样品表面层，将表面附着物除去。此法可用于纵向成分分析。

②样品预处理的作用。

利用预处理室的真空对样品进行烘烤或去气处理；清洁样品表面，消除表面污染对测定结果的干扰;通过预处理室的加热蒸发装置,可进行蒸发制备样品;为减少非导电样品表面带电现象,表面清洁后,可在预处理室内喷镀导电性能和化学稳定性较好的贵金属涂层。

3)测试过程的注意事项

①非导电样品荷电效应。

X 射线射向样品,其表面不断产生光电子,形成表面电子空穴,使样品带正电。若样品是导体电子空穴可从金属样品托得到补充。非导电样品不能及时补充电子空穴使发射出的光电子动能降低,造成 XPS 谱线位移精度降低。影响荷电效应的因素主要包括样品厚度、X 射线电流和电压。在测试过程中避免荷电效应的方法主要分为四种:X 射线入射窗口采用铝材,并在铝表面镀金可有效中和表面荷电效应;在样品室安装中和电子枪;制样时可把样品和导体紧密接触,或夹在导体间;在样品表面和周围喷涂金属或将样品用导电胶黏结在样品托上。

②能量轴的标定和校正。

能量轴的标定主要分为相对定标能量法和能量绝对标定法。相对定标能量法是利用已知标准谱线,把产生此谱线的电子发射源混入被测样品中或利用同一分子中不同原子发射的谱线。根据其能量位置定出其他谱线位置,再换算成结合能。选用的标准谱线电子发射源最好在空气中不产生氧化现象。能量绝对标定法比较简便的方式是双光法,即用两种不同的已知能量的 X 射线做激发源,测定同一束缚级上的电子,并测量其光电子谱线所对应的分析器电压和电流值。

③仪器操作条件的选择。

在 XPS 测试时真空度是测定操作的主要因素,真空度应保持在 $10^{-16} \sim 10^{-9}$ Torr,否则会污染样品表面。另外扫描速度和扫描时间要选择得当,非导电样品还需消除荷电效应。

8.2 俄歇电子能谱

1922 年法国科学家 P. Auge Pierre Auger 发现了俄歇现象,20 世纪 60 年代,随着超高真空系统和高效微弱信号电子检测系统的发展,出现了应用于表面分析技术新方向-俄歇电子能谱(Auger electron spectroscopy,AES)。目前 AES 已发展成为研究原子和固体表面的有力手段之一。随着科技发展诞生的俄歇电子微探针技术(scanning auger microprobe,SAM),是微区分析的有力手段。后来仪器的改进使其逐步成为包括固体催化、材料、生物等多个学科的重要研究手段。

8.2.1 AES 基本原理

俄歇电子的产生可以分为三个步骤,如图 8.3 所示,首先原子内某一内层电子被激发电离形成空位,接着一个较高能级的电子跃迁到该空位上,再接着另一个电子被激发发射,形成无辐射跃迁过程,这一过程被称为俄歇效应,被发射的电子称为俄歇电子。

俄歇效应的标记以空位、跃迁电子、发射电子所在的能级为基础。俄歇效应过程产生的俄歇电子可用它涉及的三个原子轨道能级的符号表示,其中激发空穴所在轨道能级标记在首位,中间为填充电子的轨道能级,最后是激发俄歇电子的轨道能级。任意一种俄歇过程均可用 $W_i X_p Y_q$ 来表示。W_i,X_p 和 Y_q 代表所对应的电子轨道,i,p 和 q 代表电子数。

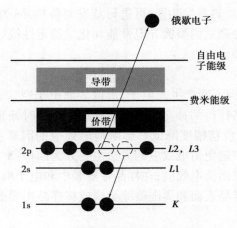

图 8.3　俄歇电子的产生过程

8.2.2　俄歇电子能谱仪

从 1967 年 L. A. Harris 采用微分方法和锁定放大技术,建立第一台实用的俄歇电子能谱仪以来,俄歇电子能谱仪无论是在结构配置和性能都有很大的改进。俄歇电子能谱仪由电子枪、电子能量分析器、超高真空系统、数据采集和记录系统、样品清洗、剖离系统组成。

1)电子枪

电子枪是产生电子束的装置,用来激发产生俄歇电子。其加速电压一般为 5 keV,常用的电子枪有热电离电子枪和场发射电子枪两种,热电离电子枪包括 W、W(Ir)、LaB_6。为了采集俄歇电子像,扫描俄歇电子能谱仪的电子枪加速电压一般为 10~15 keV。目前最小的电子束斑直径为 15 nm 以下,最大加速电压为 20 keV。

2)电子能量分析器

电子能量分析器是分析电子能量的装置,是俄歇电子能谱仪的重要组成部分。可分为色散型和减速场型两类,常用的有筒镜型能量分析器、半球型能量分析器和 Staib 能量分析器三种。

3)真空系统

真空系统一般由主真空室、离子泵、升华泵、涡轮分子泵和初级泵组成。真空度不得低于 6.7×10^{-8} Pa。

4)数据的采集

数据的采集有四种方式:点分析、线扫描、面绘图和深度剖析。目前很多类型的俄歇电子能谱仪都有专业的计算机分析软件,可直接绘制图形并输出结果。

8.2.3　俄歇电子能谱分析方法

1)定性分析

定性分析是根据测得的俄歇电子能谱峰的位置和形状识别分析区域内所存在的元素。定性分析的方法是将测得的俄歇电子能谱与标准谱图进行对比。AES 谱图的五个特征信息:能量、强度、峰位移、谱线宽和线形。由此可分析材料的表面特征、化学组成、覆盖度、键中的电荷转移电子态密度、键中的电子能级,如图 8.4 所示。

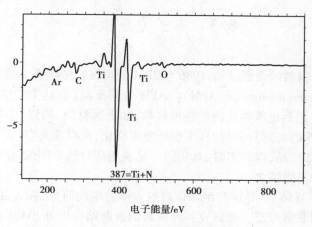

图 8.4　TiN 的俄歇电子能谱

2)定量分析

目前 AES 定量分析的精度只有 30% 左右。影响 AES 定量分析的因素主要包括:仪器、基体效应、样品状态(非均匀性、成分未知、粗糙度、表面取向)三类因素的影响。定量分析计算过程中数据处理的方法主要包括标样法和相对灵敏度因子法,相对灵敏度因子法是 AES 定量分析最常用的方法,测试前要了解各标样与 Ag 标样 351 eV 峰的相对灵敏度因子。

8.2.4　扫描俄歇微探针

扫描俄歇微探针(scanning auger microprobe,SAM)诞生于 20 世纪 70 时代,其基础是俄歇电子能谱。用俄歇电子信号进行微区成分分析,包括点分析、线扫描分析、面分布分析、氩离子枪溅射深度剖面分析等,元素从 Li 到 U。其扫描方式采用的是逐点扫描模式,如图 8.5 所示。

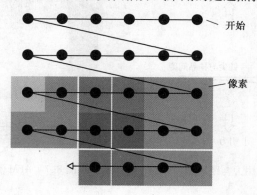

图 8.5　扫描俄歇微探针原理

扫描俄歇微探针的电子束径的要求:束径越细,入射束能量越大,入射束电流越小,信噪比降低;样品的抗辐照损伤能力对束径的大小有限制;束斑漂移对束径有限制。目前最好的 SAM 的初级电子束直径小于 15 nm,使其空间分辨能力得到很大的提高。

8.3　原子力显微镜

为了研究绝缘体材料的表面结构,1986 年 IBM 公司在扫描隧道显微镜的基础上发明了原子力显微镜(atomic force microscope,AFM)。AFM 分辨率高(高达 10^{10} 倍,可直接观察物质的分子和原子),适用于包括绝缘体在内的各种材料,如金属材料、陶瓷、半导体材料、矿物、高分子聚合物、生物细胞等的观察与分析,且工作环境多样化,可以在真空、大气、气体气氛、溶液中工作,还可加热或冷却样品,得到实时、真实的样品表面高分辨率图像,是以原子尺度直接观察物质表面结构特征的显微镜之一。

AFM 可被应用在导体、半导体和绝缘体材料表面的结构研究,在表面科学、材料科学和生命科学等领域中应用非常广泛。除研究各种材料的表面结构以外,AFM 还可以研究材料的硬度、弹性、塑性等力学性能以及表面微区摩擦学性能,也可操纵分子和原子进行纳米尺度的结构加工和超高密度信息存储。

8.3.1　AFM 基本原理

原子力显微镜的原理建立在探针尖端的原子与样品表面原子在足够接近时存在相互作用力的基础上。探针被装在一个很小的弹力臂的端头上,探针尖端上的原子与样品表面的相互作用力与两者间距密切相关,如图 8.6 所示。当间隙大时,不存在作用力;在间隙逐渐变小的过程中,将出现引力(范德华力、毛细作用力、磁力和静电力)。引力随着间隙缩小而增大;继续缩小间隙探针针尖和样品原子外围电子将出现斥力(键结力和静电斥力)。斥力随距离的减小增速远大于引力,在间隙缩小的过程中将很快由相互吸引转向相斥。

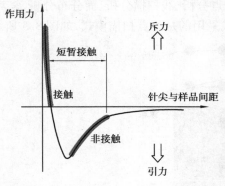

图 8.6　探针与样品间作用力与距离的关系　　　　图 8.7　AFM 测试原理示意图

当探针与样品表面间距小到纳米级时,按照近代量子力学的观点,由于探针尖端的原子和样品表面的原子具有特殊的作用力,并且该作用力随着距离的变化非常显著。当探针在样品表面来回扫描的过程中,顺着样品表面的形状而上下移动。独特的反馈系统始终保持探针的力和高度恒定,一束激光从悬臂梁上反射到感知器,这样就能实时给出高度的偏移值。样品表面就能被记录下来,最终构建出三维的表面图,图 8.7 为 AFM 测试原理示意图。一般针尖由 Si、SiO_2、Si_3N_4、碳纳米管、金刚石等材料制成,曲率半径小于 30 nm。

8.3.2　原子力显微镜的结构及工作模式

原子力显微镜有多种工作模式,一般包括接触模式(contact mode)、非接触模式(non-contact mode)、轻敲模式(tapping mode)、Interleave 模式(interleave normal mode/lift mode)和力曲线(force curve)模式。常用的有接触模式、非接触模式和轻敲模式三种,其成像模式如图 8.8 所示。根据样品表面不同的结构特征和材料的特性以及不同的研究需要,选择合适的工作模式。

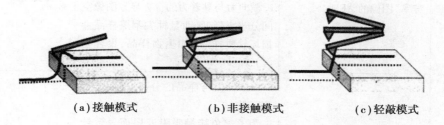

(a)接触模式　　　　　　(b)非接触模式　　　　　　(c)轻敲模式

图 8.8　AFM 三种成像模式示意图

1)接触模式

针尖在扫描过程中始终同样品表面接触。针尖和样品间的相互作用力为接触原子间电子的库仑排斥力(其力大小为 $10^{-8} \sim 10^{-6}$ N)。在针尖(或样品)横向(x 和 y 方向)扫描过程中,通过反馈系统上下(z 方向)移动样品(或针尖),保持针尖与样品间库仑斥力恒定,记录 z 方向上扫描器的移动情况,就得到样品的表面轮廓形貌图像。

2)非接触模式

非接触模式 AFM 即当针尖在样品表面扫描时,始终保持不与样品表面接触(一般与样品表面保持 5～20 nm 的距离),解决了接触模式可能损坏探针和样品的缺点。在非接触模式中,针尖与样品间的作用力是长程力——范德华吸引力。由于范德华力比较小(比接触式的小几个数量级),直接测量力的大小比较困难。为了测量这个微小的力,通常采用共振增强技术来实现,即用压电振荡器驱动悬臂振动。针尖与样品间的距离是通过保持悬臂共振频率或振幅恒定来控制的。在扫描过程中反馈系统驱动样品(或针尖)上下运动来保持悬臂的振幅恒定,从而获得样品表面形貌图像。

3)轻敲模式

轻敲模式介于接触模式和非接触模式之间,针尖扫描过程中微悬臂也是振荡的,但振幅比非接触模式更大,同时针尖在振荡时间断地与样品接触。当针尖没有接触到表面时,微悬臂以一定的大振幅振动,当针尖接近表面直至轻轻接触表面时,其振幅将减小,而当针尖反向远离表面时,振幅又恢复到原先的大小。针尖与样品表面间断地接触,反馈系统根据检测该振幅,不断调整针尖与样品之间的距离来控制微悬臂的振幅,使得作用在样品上的力保持恒定,从而获得样品表面的形貌图像。AFM 常见的三种工作模式优缺点如表 8.1 所示。

表 8.1 三种工作模式优缺点比较

工作模式	优点	缺点	适用样品
接触模式	a. 扫描速度快； b. 唯一能够获得"原子分辨率"图像的 AFM	a. 横向力影响图像质量； b. 在空气中，因为样品表面吸附液层（浓缩的水汽和其他污染物）的毛细作用使针尖与样品之间的黏着力很大； c. 横向力与黏着力的合力导致图像空间分辨率降低，而且针尖刮擦样品会损坏软质样品（如生物样品，聚合物等）	垂直方向上有明显变化的硬质样品
非接触模式	没有力作用在样品表面	a. 由于针尖与样品的分离，横向分辨率降低； b. 为了避免接触吸附液层而导致针尖胶粘，其扫描速度低于轻敲模式和接触模式的 AFM； c. 吸附液层必须薄。如果太厚，针尖会陷入液层，引起反馈不稳，刮擦样品	受测试环境影响大的样品
轻敲模式	a. 很好地消除了横向力的影响； b. 降低了由吸附液层引起的力； c. 图像分辨率高($1\sim5$ nm)	较接触模式 AFM 的扫描速度慢	适于观测软、易碎或胶黏性样品，不会损伤其表面

8.4 扫描隧道显微镜

扫描隧道显微镜(scanning tunneling microscope, STM)是 IBM 公司于 1982 年发明的一种基于量子隧道效应的新型表面测试分析仪器。STM 结构简单、分辨率高。STM 的发明具有划时代的意义。STM 的横向分辨率可达 0.1 nm，纵向(与样品表面垂直方向)的分辨率高达 0.01 nm，达到了物体原子级别的分辨范围，使人们能够真正实时地观测到物体表面的原子排列方式以及其在物理、化学反应过程中发生的变化。另外，STM 可在真空、大气、液体、惰性气体甚至反应性气体等环境下工作，且工作温度范围较宽，从绝对零度到上千摄氏度都可工作。适用于研究生物样品和在不同试验条件下对样品表面的分析，例如对于多相催化机理、超导机制、电化学反应过程中电极表面变化的监测等。配合扫描隧道显微镜图谱，可以得到有关表面结构的信息，例如表面不同层次的态密度、表面电子阱、电荷密度波、表面势垒的变化和能隙结构等。由于上述诸多优点，使 STM 成为凝聚态物理、化学、生物学和纳米材料等学科强有力的研究工具，在表面科学、材料科学以及生命科学等领域获得了广泛的应用。STM 还是纳米结构加工的有力工具，可用于制备纳米尺度的超微结构，还可用于操纵原子和分子等。

8.4.1 STM 基本原理

STM 不采用任何光学或电子透镜成像,而是利用量子力学中的隧道效应原理,通过测量尖锐金属探针与样品表面的隧道电流来分辨固体表面的形貌。将原子尺度的极细探针和被研究物质的表面作为两个电极,当样品表面与针尖非常靠近时(通常小于 1 nm),两者的电子云略有重叠。若在两极间加上电压 U,在电场作用下,电子就会穿过两个电极之间的垫垒,通过电子云的狭窄通道流动,从一极流向另一极,形成隧道电流。如果样品表面原子种类不同,或样品表面吸附有原子、分子时,由于不同种类的原子或分子团具有不同的电子结构和功函数,所以此时的变化不仅仅对应于样品表面原子的起伏,而是表面原子起伏与不同原子的电子结构组合后的综合效果。

STM 主要由金属探针、压电陶瓷扫描器、反馈调节器以及控制与显示系统等组成。STM 工作时,针尖与样品间保持距离为 0.3~1.0 nm,此时针尖和样品之间的电子云相互重叠,当在它们之间施加一偏压时,电子就因量子隧道效应由针尖(或样品)流向样品(或针尖)。在压电陶瓷器上施加一定的电压使其产生变形,驱动针尖在样品表面进行三维扫描。目前,由压电陶瓷制成的三维扫描控制器控制的针尖运动在纵向(z 方向)的运动范围可以达到 1 μm 以上,在横向(x 和 y 方向)的运动范围可以达到 125 μm × 125 μm。另外,要实现样品表面的原子分辨,对针尖的形状有严格要求。由于电子的波长远大于原子分辨的要求,故 STM 也必须满足"小孔径成像"的要求,理想情况是针尖尖端只有一个原子存在。

8.4.2 扫描隧道显微镜的工作模式

扫描隧道显微镜的基本成像方式有恒高模式和恒流模式两种。如果样品的表面功函数相同,则这两种基本模式可以反映真实的样品形貌。而实际测量的多数样品都是由不同化学组分构成的,这时因为不同部位表面功函数不相同,扫描隧道显微镜基本工作模式不能得到样品的真实形貌。为消除表面功函数差异引起的测量误差,得到更多的样品表面信息,衍生出了扫描隧道显微镜谱图和功函数成像模式。

1)恒高模式

恒高模式是指扫描隧道显微镜在扫描样品表面过程中,扫描头 z 方向(垂直方向)电压不变,保持探针水平高度恒定。恒高模式下针尖以一个恒定的高度在样品表面快速扫描,检测的是隧道电流的变化值,隧道电流随着样品的形貌和样品表面电学性能的变化而变化。恒高模式可实现原子级平整表面快速扫描,能快速成像,效率高,采集时间段。恒高模式不需要使用反馈系统,适用于观察动态过程(如化学反应、原子迁移等)。其原理如图 8.9 所示。但是,由于扫描隧道显微镜对探针与样品间距的变化十分敏感,故若样品表面起伏较大或者样品倾斜,则会严重干扰恒高模式成像,造成成像数据不准确或者探针碰撞损毁。恒高模式只能用于表面形状起伏不大的样品,优点是扫描速度快,减少噪声和热漂移对信号的影响。

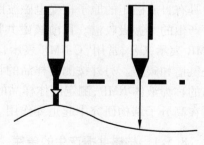

图 8.9 恒高模式

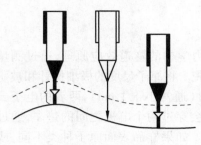

图 8.10 恒流模式

2）恒流模式

恒流模式即是隧道电流恒定模式,在反馈系统的协助下,通过调节扫描头 z 方向电压,控制探针与样品间距,在扫描过程中反馈电压不断地调节扫描针尖在垂直方向的位置以维持隧道电流恒定在预设值,实现恒流要求。其原理见图 8.10。由于隧道电流大小不变,所以,恒流模式在一定程度上是保持探针与样品之间具有一定的距离,扫描隧道显微镜探针在扫描过程中会随着样品的起伏而调整高度。恒流模式在扫描过程中对探针具有一定的保护作用,适合测量表面粗糙度较大的样品。恒流模式可以高精度的探测不规则表面,可以得到表面形貌的高度值,但其扫描速度慢,效率低。另外,恒流模式对样品表面的某些沟槽不能准确探测,且当样品表面有缺陷时易损害针尖。

恒流模式利用反馈系统调节扫描头 z 方向电压,通过测量 z 方向电压的改变得到样品表面形貌图像。正是因为有反馈系统的介入,恒流模式的扫描速度受到反馈时间的限制。如果反馈时间过长,扫描速度很低,这时扫描隧道显微镜系统的机械热力学漂移会对成像准确性造成很大的干扰;如果反馈时间太短,扫描速度相对较快,但是调节探针与样品间距的时间过短,反馈系统来不及将隧道电流调节到预设值,得到的图像实际上并不是真正的恒流模式图像。

8.5 核磁共振谱分析

核磁共振谱法（nuclear magnetic resonance spectroscopy,NMR）与 UV-Vis 和红外光谱法类似,NMR 也属于吸收光谱,采用的是无线电波射频信号,研究对象是处于强磁场中的原子核对射频辐射的吸收。自 1946 年发现核磁共振信号以来,核磁共振被广泛应用在化学、物理、生物、医药和材料等各学科领域,NMR 是最有效的结构鉴定方法,主要用于测定化学物质的分子结构、构象和构型。近些年 NMR 的飞跃性发展表现在下列几个方面:①谱仪磁场从低强度发展到高强度（30 MHz 到 1 000 MHz）;②实现了二维 NMR 以及三维 NMR 研究蛋白质的三级结构;③实现了固体材料的分析:高分辨 NMR 技术和 NMR 成像技术。核磁共振谱是指在磁场中具有自旋磁矩的原子核受电磁波照射,射频辐射频率等于原子核在恒定磁场中的进动频率时产生的共振吸收谱。目前核磁共振谱按被测定对象可分为氢谱和碳谱两类,氢谱常用 ^{1}H-NMR 表示,碳谱常用 ^{13}C-NMR 表示,其他还有 ^{19}F、^{31}P 及 ^{15}N 等核磁共振谱,其中应用最广泛的是氢谱和碳谱。另外按测定样品的状态可分为液体 NMR 和固体 NMR。测定溶解于溶剂中样品的称为液体 NMR,测定固体样品的称为固体 NMR,其中最常用的是液体 NMR,而固体 NMR 则在高分子结构研究中起重要作用。

8.5.1 核磁共振产生的条件

原子由原子核和电子组成,原子核由质子和中子构成。某些原子核能绕核轴作自旋运动,自旋量子数 I 是每个质子和中子自旋的量子数合量,与原子序数 Z 及原子核质量数 A 有关。原子核是带正电荷的粒子,多数原子核的电荷能绕核轴自旋,形成一定的自旋角动量 p,同时,

这种自旋现象像电流流过线圈一样能产生磁场,因此具有磁矩 μ,其关系可用下式表示

$$\mu = \gamma \cdot p \tag{8.4}$$

比例因子 γ 称为磁旋比,不同的原子其值不同。p 的绝对值可用下式表示

$$p = \frac{h}{2\pi} \cdot \sqrt{I(I+1)} \tag{8.5}$$

因此,原子核的磁矩

$$\mu = \gamma \sqrt{I(I+1)} \cdot \frac{h}{2\pi} \tag{8.6}$$

h 为普朗克常量,自旋量子数 $I \neq 0$ 的原子核都具有磁矩。

根据实验,原子核的自旋量子数 I 与原子核的质子数和中子数有关。有如下三种情况:

①$I = 0$ 的原子核:^{16}O,^{12}C,^{22}S 等,原子核无自旋,没有磁矩,不产生共振吸收,无核磁共振信号;

②$I = 1$ 和 $I > 1$ 的原子核:$I = 1$ 如 ^2H 和 ^{14}N;$I = 3/2$ 如 ^{11}B,^{35}Cl,^{79}Br,^{81}Br;$I = 5/2$ 如 ^{17}O 和 ^{127}I,这类原子核的核电荷分布可看作一个椭圆体,电荷分布不均匀,共振吸收复杂,研究应用较少;

③$I = 1/2$ 的原子核:如 ^1H,^{13}C,^{19}F,^{31}P,原子核可看作核电荷均匀分布的球体,并像陀螺一样自旋,有磁矩产生。它们的 NMR 谱线窄、易于检测,是核磁共振研究的主要对象。C、H 也是有机化合物的主要组成元素。

一般情况下,自旋磁矩可任意取向,但将其放入外加磁场 H_0 中,由于磁矩和磁场的相互作用,核磁矩的取向是量子化的,取向数可用磁量子数 m 表示,$m = I, I-1, \cdots, (I-1), -I$,共 $2I+1$ 个。

按照量子力学的观点,自旋量子数为 I 的原子核在外磁场中有 $2I+1$ 个不同的取向,分别对应于 $2I+1$ 个能级,也就是说原子核磁矩在外磁场中能量也是量子化的,这些能级的能量为

$$E = -\frac{m\gamma h}{2\pi}H_0 \tag{8.7}$$

根据量子数的选择定则,磁能级跃迁的条件是 $\Delta m = \pm 1$,因此跃迁的能量变化 ΔE 为

$$\Delta E = \frac{\gamma h}{2\pi}H_0 \tag{8.8}$$

式(8.8)表明,当原子核在外磁场中所吸收的电磁波等于能级之间的能量差时,则可使原子核发生自旋能级跃迁,从而产生核磁共振。

综上所述,核磁共振的产生条件:在外加磁场中,自旋的原子核具有不同的能级,若采用一特定频率 ν 的电磁波照射样品,保证 $\nu = \nu_0$,原子核可以产生能级间的跃迁,产生核磁共振,即 $\nu = \Delta E/h = \gamma H_0/(2\pi) = \nu_0$。简单而言,可概述为:①核有自旋(磁性核);②外磁场,能级裂分;③照射频率与外磁场的比值 $\nu_0/H_0 = \gamma/(2\pi)$。

8.5.2 化学位移及自旋耦合

由核磁共振的产生条件可知,自旋的原子核,应该只有一个共振频率 ν。理想化的、裸露的氢核满足共振条件:$\nu_0 = \gamma H_0/(2\pi)$ 产生单一的吸收峰。事实上,在实际测定化合物中处于不同环境的质子时发现,同类磁核往往出现不同的共振频率。这主要是由于这些质子各自所处的化学环境不同而形成的。

在外磁场作用下,运动的电子产生相对于外磁场方向的感应磁场 $H = \sigma H_0$,起到屏蔽作用,使氢核实际受到的外磁场作用减小。在原子核周围存在着由电子运动产生的电子云,电子云的密度受外磁场强度影响,产生一个与 H_0 反向的感应磁场,使外场强度减弱,原子核实际感受的磁场强度为:$H = H_0 - \sigma H_0 = (1 - \sigma) H_0$,$\sigma$ 为屏蔽常数,是核外电子云对原子核屏蔽的量度,是特定原子核所处的化学环境的反映。在外加磁场的作用下的原子核的共振频率为

$$\nu = \frac{\gamma (1 - \sigma) H_0}{2\pi} \tag{8.9}$$

化学位移是指分子中同类磁核因化学环境不同而产生的共振频率的变化量。在核磁共振测定中,外加磁场强度一般为几特斯拉,而屏蔽常数不到万分之一特斯拉。因此,由于屏蔽效应而引起的共振频率的变化极小,即按通常的表示方法表示化学位移的变化量极不方便,且因仪器不同,其磁场强度和屏蔽常数不同,则化学位移的差值也不相同。一般以相对值表示。即待测物中加一标准物质(如 TMS),分别测定待测物和标准物的共振频率 ν_x 和 ν_s,以式(8.10)来表示化学位移 δ,由于其值很小,一般要乘以 10^6。

$$\delta = \Delta\nu/\nu_s = (\nu_x - \nu_s) \times 10^6/\nu_s \tag{8.10}$$

上式适用于固定磁场改变射频的扫频式仪器。δ 无量纲,对于给定的质子峰,其值与射频辐射无关。

在 ^{1}H-NMR 和 ^{13}C-NMR 中,最常用的标准物质是四甲基硅烷(tetramethyl silicon,TMS)。在核磁共振谱中可用作标准物质的试剂主要有三种:a. 四甲基硅烷,可用面广;b. 2,2-二甲基-2-硅戊烷-6-磺酸钠(DSSC),用于以重水作溶剂的测定;c. 六甲基硅氧烷(HMDS),用于高温时测定 NMR。

化学位移在表征时:规定四甲基硅烷的 δ 值为 0,四甲基硅烷的 δ 值左侧为正值,右侧为负值,早期用 τ 表示:$\tau = 10.00 - \delta$。

四甲基硅烷作为标准物质主要是因为其分子中有 12 个氢核,所处的化学环境完全相同,在谱图上是一个尖峰。四甲基硅烷的氢核所受的屏蔽效应比大多数化合物中氢核大,共振频率最小,吸收峰在磁场强度高场方向。四甲基硅烷对大多数有机化合物氢核吸收峰不产生干扰。规定四甲基硅烷氢核的 $\delta = 0$,其他氢核的 δ 一般在四甲基硅烷的 δ 一侧。四甲基硅烷具有化学惰性,一般不与待测样品发生反应,易溶于大多数有机溶剂中。采用四甲基硅烷为标准物质,测量化学位移,对于给定核磁共振吸收峰,不管使用多少兆赫的仪器,δ 值都是相同的。大多数质子峰的 δ 在 $1 \sim 12$。

有机化合物中内部相邻的碳原子上自旋的氢核的相互作用,简称自旋耦合。由自旋耦合作用而形成共振吸收峰分裂的现象,称为"自旋裂分"。理论上物质中存在几种化学环境,NMR 谱图上就有几个吸收峰。原子能自旋,相当于一个磁体,产生局部磁场,在外加磁场中,氢核有两个取向,一个平行于磁场方向,一个反向于磁场方向,两种取向的概率为 1:1。耦合常数是指由自旋耦合产生的分裂谱线间距,用 J 表示,单位为 Hz,J 是核自旋分裂强度的量度,大小只与化合物分子结构有关。

氢核自旋耦合的 $(n+1)$ 规律:①某组环境相同的 n 个核,在外磁场中共有 $(n+1)$ 种取向,而使与其发生耦合的核裂分为 $(n+1)$ 条谱线,这就是 $(n+1)$ 规律;②谱线强度比近似于二项式 $(a+b)$ 二次方展开式的各项系数之比如图 8.11 所示;③每相邻两条谱线间的距离相等。

n	二项式展开系数	峰　形
0	1	单　峰
1	1　　1	二重峰
2	1　　2　　1	三重峰
3	1　　3　　3　　1	四重峰
4	1　　4　　6　　4　　1	五重峰

图 8.11　n 个核对应的 NMR 谱线强度比

8.5.3　核磁共振仪

通常核磁共振仪由磁铁和样品支架、扫描发生器、射频振荡器、射频接收器和检测器几部分组成,图 8.12 为核磁共振仪示意图。

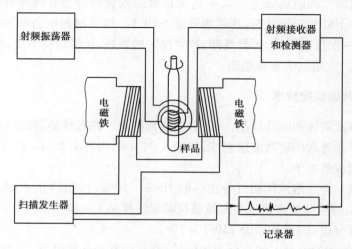

图 8.12　核磁共振仪示意图

磁铁和样品支架:由于要提供外磁场,所以要求稳定性好,均匀,不均匀性小于六千万分之一。磁铁是整个 NMR 仪器中最贵的一部分,常见的磁铁主要有永久磁铁、电磁铁和超导磁铁。永久磁铁和电磁铁磁场强度弱,但稳定性好;超导磁铁磁场强度大,但价格及日常维护费用高。样品支架装在磁铁间的一个探头上,支架及样品管用压缩空气使之旋转,以提高作用在样品上的磁场均匀性。

扫描发生器:沿着外磁场方向绕上扫描线圈,可在小范围内精确连续地调节外加磁场强度进行扫描,扫描速度不能太快,一般为 3 mGs/min。

射频信号接收器(检测器):沿着样品管轴的方向绕上接收线圈,通过射频接收线圈接收共振信号,经放大记录下来,纵坐标是共振峰强度,横坐标是磁场强度。能量的吸收情况被射频接收器所检出,通过放大后记录下来。

射频振荡器:在样品管外与扫描线圈和接收线圈相垂直的方向上绕上射频发射线圈,可发射频率与磁场强度相适应的无线电波。

傅里叶变换核磁共振仪不是通过扫场或扫频产生共振,而是通过恒定磁场,施加全频脉冲,产生共振,采集产生的感应电流信号,经过傅里叶变换获得一般核磁共振谱图,其原理如图

8.13 所示。

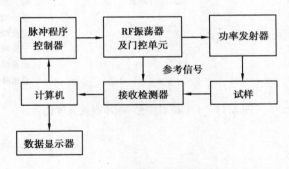

图 8.13　傅里叶变换核磁共振波谱仪方块示意图

　　永久磁铁和电磁铁的磁场强度 < 2.4 T,铌钛合金或铌锡合金等超导材料制备的超导线圈在 4 K 低温条件下处于超导状态,其磁场强度 > 10 T。超导材料制备的超导核磁共振波谱仪开始时,大电流一次性励磁后,闭合线圈,产生稳定的磁场,长年保持不变,但随着温度升高,容易使超导体发生"失超",需重新励磁。

8.5.4　核磁共振实验技术

　　核磁共振可测试液体和固体样品,一般采用溶液检测。液态样品测试技术如下:

　　①样品管。样品管常用硬质玻璃制成,外径 $5^{+0.1}_{-0.1}$ mm,内径 4.2 mm,长度约为 180 mm,并配有特氟龙材料制成的塞子。

　　②溶液的配制。样品溶液体积百分比一般为6% ~ 10%,体积约0.4 mL。固态样品需要纯样品 15 ~ 30 mg;傅里叶变换核磁共振波谱仪需要纯样品 1 mg。

　　③标样体积百分比(四甲基硅烷 TMS)为 1%。

　　④用于 NMR 测试的溶剂不能产生干扰信号、要有较好的溶解性能,另外与试样不能发生化学反应。最常用的是四氯化碳溶剂和氘代溶剂(氯仿、丙酮、苯、二甲基亚砜的氘代物)。

　　⑤在选择测试溶剂时需注意以下事项:a. 要考虑到试样的溶解度,选择相应的溶剂,特别对低温测定、高聚物溶液等要注意不能使溶液黏度太大,如纯液体黏度大,应用适当溶剂稀释或升温测定。常用的溶剂有 CCl_3、$CDCl_3$、$(CD_3)_2SO$、$(CD_3)_2CO$、C_6D_6 等;b. 高温测定时应选择低挥发性溶剂;c. 所用溶剂不同,NMR 信号也不同;d. 用重水作溶剂时,要注意试样中的活性质子有时会和重水氘起交换反应。

　　对于复杂分子或大分子化合物的 NMR 较难分开,需辅以化学位移试剂使样品 NMR 中各峰产生位移,常用的化学位移试剂是过渡元素或稀土元素的配位化合物。

8.6　中子衍射分析技术

　　中子发现于1932 年,这个时候德布罗意物质波假设已经得到电子衍射和分子衍射的验证,人们实际观测到了中子的衍射现象。但是由于当时中子源太弱,得到的中子束能量不均匀,并未得到具体应用。直到 40 年代,当核反应堆建立以后,才有可能利用中子衍射效应探索物质内部的结构。从核反应堆发出的中子经过减速(慢化)以后,其能量与热平衡的分子、原子及晶格相当,所以这种慢中子又称为热中子。热中子的德布罗意波波长约为 0.1 nm,和 X 射线的波长一样,正好与晶格间距同数量级,因此如果将这样的中子束打到物质靶上,一定会像 X 射线那样发生衍射现象。

中子衍射技术是目前唯一可以测定大体积工件三维应力分布的技术,利用中子衍射技术研究物质静态结构的目的是从微观层次上了解物质中的原子位置和排列方式,它的实验方法包括中子衍射及后来发展的中子小角散射和中子反射技术。物质微观动力学研究的目的在于了解物质中原子、分子的运动方式和规律,它的实验方法包括中子非弹性散射和准弹性散射技术。随着反应堆中子注量的提高和散裂中子源的发展,以及计算机和实验技术的进步,中子散射技术也日臻完善,作为一种研究工具,它的应用已涉足于物理、化学、化工、生物、地矿和材料科学等研究领域。它在结构研究方面不仅可以弥补 X 射线之不足,而且在磁结构、动力学特性研究方面,它的作用也是其他方法不能代替的。

8.6.1 中子衍射分析原理

中子衍射的原理和 X 射线衍射相同。我们知道,大多数固体都是晶体。晶体中有序排列的原子对中子波而言相当一个三维光栅,中子波通过它会产生衍射现象,散射波会在某些特定的散射角形成干涉加强,即形成衍射峰。峰的位置和强度与晶体中的原子位置、排列方式以及各个位置上原子的种类有关。对于磁性物质,衍射峰的位置还和原子的磁矩大小、取向和排列方式有关。液体和非晶态物质的结构不是长程有序,它们的散射曲线不会出现明显的衍射峰。但由于结构中存在短程有序,所以还会在散射曲线中出现少数表征短程有序的矮而宽的小峰,它们仍然可以从统计的意义上为我们提供液体和非晶态物质最近邻配位原子的信息。因此可利用中子衍射研究物质的结构和磁结构。

中子衍射和 X 射线衍射虽然相似,本质上却并不一样,X 射线衍射是 X 射线的能量子与原子中的电子相互作用的结果,而中子衍射则是中子与原子核相互作用的结果,所以中子衍射可以观测到 X 射线衍射观测不到的物质内部结构,特别有利的是中子衍射可以确定原子(特别是氢原子)在晶体中的位置和分辨周期表中邻近的各种元素。

8.6.2 中子衍射实验技术

中子衍射技术中的许多实验方法,如中子衍射、中子小角散射、中子反射技术等都是在相应的 X 射线实验方法的基础上发展起来的。为什么有了 X 射线分析方法还需要发展中子衍射技术呢? 原因在于,中子衍射有自己的特点,这些特点恰好弥补了 X 射线分析固有的缺点,从而使它和 X 射线分析形成了互补的关系:①X 射线对原子序数低的轻元素不灵敏,但中子对轻、重元素的灵敏度没有明显的差别;②X 射线不能分辨原子序数相近的元素,而中子通常可以分辨;③中子可以区分同位素;④中子具有磁矩,因而可以研究磁性物质的磁结构和自旋动力学。常规 X 射线分析不能提供磁的信息。近年来虽然已经可以用同步辐射来研究物质的磁结构,但中子作为微观磁结构的研究工具仍然是其他方法无法代替的;⑤中子对物质有较强的穿透能力;⑥X 射线只能研究物质的静态结构,不能研究动力学问题,这是因为波长在 0.1 ~ 1 nm 的 X 射线,其能量比原子、分子的运动能量高几十万倍,所以不可能用它来研究物质的微观动力学特性。

中子衍射所需的中子源一般为中子反应堆或蜕变中子源。中子反应堆是利用^{235}U 或^{239}Pu 作为核燃料发生裂变反应产生大量中子,并将其导入各种衍射(散射)装置。一个典型的反应堆主要由燃料包、控制棒、减速剂及屏蔽材料组成。通过减速剂温度的调节可以控制反应堆中中子波长分布。另一种蜕变中子源是利用高能质子束轰击某些重金属发生蜕变反应喷发大量中子,蜕变中子源产生的中子可以被减速成适于散射或衍射研究所所需波长范围。这种中子源的最大优点是高脉冲强度并改善了环境。

中子衍射装置主要包括单晶衍射台、粉末衍射台、小角度散射台、时间-飞行衍射台及织构与应力测量台几部分。图 8.14 为高分辨率恒波长中子粉末衍射台示意图。

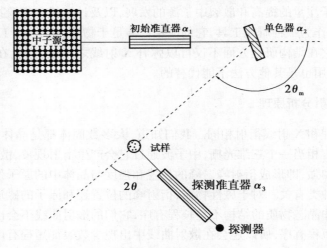

图 8.14　高分辨率恒波长中子粉末衍射台示意图

中子衍射的时间-飞行衍射仪的设计原理:从减速剂发射出的包括了各种波长(热中子谱)的中子射线,从发射源经由试样布拉格衍射到探测器的路径是相同的,由于不同波长的中子具有不同速度,因此不同波长的中子到达探测器的时间是不同的。

时间-飞行衍射仪根据上述原理,通过时间测定绘制成衍射谱,其横坐标通常是以时间为单位,纵坐标则以中子数目(即强度)为单位。如果将探测器固定在某一 2θ 角,可以得到包含满足布拉格条件的一系列衍射峰的多晶衍射花样,长的飞行时间对应于面间距大的晶面。图 8.15 为 β-Si$_3$N$_4$ 材料在 $2\theta = 153°$ 测得的 TOF 中子粉末衍射谱。

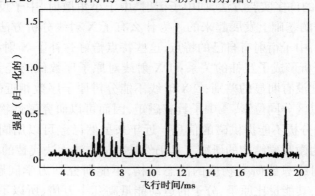

图 8.15　β-Si$_3$N$_4$ 材料在 $2\theta = 153°$ 测得的 TOF 中子粉末衍射谱

课后思考题

1. 名词解释:核磁共振、化学位移、自旋耦合。
2. X 射线光电子能谱的基本原理?
3. 试述 X 射线光电子能谱仪的结构和工作原理?
4. 原子力显微镜工作原理?
5. 试比较原子力显微镜的几种工作模式?
6. 扫描隧道显微镜的工作原理是什么?
7. 试比较扫描隧道显微镜恒流模式与恒高模式?
8. 核磁共振谱仪的基本结构是什么? 它是如何工作的?
9. 谈谈核磁共振的检测技术。
10. 分析中子衍射技术的原理?
11. 试比较 X 射线衍射与中子衍射二者的区别?

参考文献

[1] 张锐. 现代材料分析方法[M]. 北京:化学工业出版社,2007.

[2] 张颖,任耘,刘民生. 无机非金属材料研究方法[M]. 北京:冶金工业出版社,2011.

[3] 来新民. 质量检测与控制[M]. 北京:高等教育出版社,2002.

[4] 左演声,陈文哲,梁伟. 材料现代分析方法[M]. 北京:北京工业大学出版社,2000.

[5] 杨南如. 无机非金属材料测试方法[M]. 武汉:武汉工业大学出版社,1990.

[6] 郭立伟,朱艳,戴鸿滨. 现代材料分析测试方法[M]. 北京:北京大学出版社,2014.

[7] 周玉,武高辉. 材料分析测试技术——材料 X 射线衍射与电子显微分析[M]. 2 版. 哈尔滨:哈尔滨工业大学出版社,2007.

[8] 李美亚,张之翔. X 射线的发现及其对现代科学技术的影响——纪念伦琴发现 X 射线 100 周年[J]. 物理,1995(8):474-482.

[9] 马延洪. 杰出贡献的功臣——纪念伦琴发现 X 射线 100 周年[J]. 中等医学教育,1995,13(5):230.

[10] 许顺生. X 射线衍射学进展[M]. 北京:科学出版社,1986.

[11] 麦振洪. X 射线的发现及其对科学技术的影响——纪念伦琴发现 X 射线 100 周年[J]. 现代物理知识,1995(4):8-9.

[12] 谢忠信,赵宗铃,张玉斌,等. X 射线光谱分析[M]. 北京:科学出版社,1982.

[13] 孙家宁,孙长山. 中国物理学家在 X 射线领域的重大贡献[J]. 物理教师,1995(10):29-31.

[14] 舒业强. 从 X 射线技术的应用研究近代物理实验改革[D]. 长沙:湖南师范大学,2005.

[15] 高峰,李志. X 射线管辐射剂量分布的理论分析与实验测量[J]. 物理实验,2007,27(8):25-27.

[16] Einstein A. Concerning an Heuristic Point of View Toward the Emission and Transformation of Light[J]. American Journal of Physics,1965,33(5).

[17] Cullen D E. A simple model of photon transport [J]. Nuclear Instruments and Methods in Physics Research Section B:Beam Interactions with Materials and Atoms,1995,101(4):499-

510.

[18] 肖盛兰,张运陶.惰性电子对效应问题的探讨[J].大学化学,1992(2):12-17.

[19] 吉昂,卓尚军.X射线荧光光谱分析[J].分析试验室,2001,20(4):103-108.

[20] 张进.基于X射线特性的物质识别方法研究[D].南京:东南大学,2015.

[21] 权淑丽,郑开宇.X射线衍射仪在冶金行业的应用[J].浙江冶金,2013,8(3):20-23.

[22] 郭常霖.精确测定低对称晶系多晶材料点阵常数的X射线衍射方法[J].无机材料学报,
1996,11(4):597-605.

[23] 杨新萍.X射线衍射技术的发展和应用[J].山西师范大学学报(自然科学版),2007,21
(1):72-76.

[24] 钱桦,习宝田.X射线衍射半高宽在研究回火残余应力中的作用[J].林业机械与木工设
备,2004,32(9):19-22.

[25] 范雄,源可珊.高聚物结晶度的X射线衍射测定[J].理化实验(物理分册),1998,34
(12):17-23.

[26] 宓小川.X射线衍射能谱法测定金属板材织构[J].宝钢技术,2005(1):31-34.

[27] 母国光,战元龄.光学[M].2版.北京:高等教育出版社,2009.

[28] 杜希文,原续波.材料分析方法[M].2版.天津:天津大学出版社,2014.

[29] 孙业英.光学显微分析[M].北京:清华大学出版社,1997.

[30] 谷祝平.光学显微镜[M].兰州:甘肃人民出版社,1985.

[31] 洛阳建筑材料工业专科学校,长春建筑材料工业学校.硅酸盐岩相学[M].北京:中国建
筑工业出版社,1986.

[32] 张朝晖,刘国超.阿贝成像原理和空间滤波实验[J].物理实验,2017,37(9):23-29.

[33] 张文斌,魏丽丹.两步法制备氧化石墨烯方法研究[J].广州化学,2016,41(6):59-61.

[34] 何子淑,凌敏,梁益龙.镍基高温合金疲劳多裂纹扩展规律研究[J].兰州工业学院学报,
2007(6):65-67.

[35] 胡加佳,田志强,孙晓冉,等.激光扫描共聚焦显微镜在冶金行业中的应用[J].物理测
试,2017,35(3):25-29.

[36] 孙大乐,吴琼,刘常升,等.激光共聚焦显微镜在磨损表面粗糙度表征中的应用[J].中国
激光杂志,2008,35(9):1409-1414.

[37] 鲁耀.基于近场光学显微镜研究拓扑绝缘体Bi_2Te_3等离激元和钙钛矿薄膜的载流子分布
[D].苏州:苏州大学,2016.

[38] 黄德娟.浅谈显微镜的发展史及其在生物学中的用途[J].赤峰教育学院学报,2000,16
(2):51-52.

[39] 朱和国,尤泽升,刘吉梓,等.材料科学研究与测试方法[M].4版.南京:东南大学出版
社,2019.

[40] 常铁军,高灵清,张海峰.材料现代研究方法[M].哈尔滨:哈尔滨工程大学出版社,2005.

[41] 张利峰.Mg-Zn基合金中复杂结构相及缺陷的亚埃电子显微学研究[D].合肥:中国科学

技术大学,2019.

[42] 王春芳,李南,李玲霞,等.钢铁材料 TEM 薄膜样品的制备[J].物理测试,2013,31(1):21-24.

[43] 李鹏飞.高角度环形暗场 Z 衬度像成像原理及方法[J].兵器材料科学与工程,2002,25(4):44.

[44] 李鹏飞,丁亚茹.Z-衬度像成像原理及其特点[J].现代科学仪器杂志,2007(2):49-52.

[45] 吴元元,朱银莲,叶恒强.Cr_2Ta 中层错的 Z 衬度像研究[J].电子显微学报,2007,26(5):419-422.